U0240159

国家出版基金项目
NATIONAL PUBLICATION FOUNDATION

"十四五"时期国家重点出版物出版专项规划项目

电磁安全理论与技术丛书

自适应电磁防护技术
能量选择理论与方法

daptive Electromagnetic Protection Technologies:
Energy Selection Theory and Methods

◎ 刘培国 徐延林 刘晨曦 查淞 黄贤俊 著

人民邮电出版社
北 京

图书在版编目（ＣＩＰ）数据

自适应电磁防护技术 : 能量选择理论与方法 / 刘培国等著. -- 北京 : 人民邮电出版社，2023.10
（电磁安全理论与技术丛书）
ISBN 978-7-115-60766-9

Ⅰ. ①自… Ⅱ. ①刘… Ⅲ. ①电磁辐射－辐射防护
Ⅳ. ①X591

中国国家版本馆CIP数据核字(2023)第158348号

内 容 提 要

　　本书从电磁防护的必要性和紧迫性出发，概括地介绍了电磁防护的通用设计思想和当前存在的技术难点，重点阐述了能量选择自适应电磁防护这一新兴技术的基础理论、分析设计、测试评估、工程应用等方面的内容。全书共分 6 章，主要内容包括：电磁威胁与电磁防护概述，电磁防护基础理论与典型方法，能量选择自适应防护技术的理论与设计、结构与测试、应用与拓展，以及电磁防护技术挑战与展望。

　　本书从电磁威胁和电磁防护的通用问题讲起，内容安排合理、结构清晰，适合电子信息及相关领域的科学研究人员、工程技术人员参考，也可供电磁兼容与防护相关专业的本科生、研究生，以及对该领域感兴趣的读者阅读。

◆ 著　　　　刘培国　徐延林　刘晨曦　查　淞　黄贤俊
　　责任编辑　贺瑞君
　　责任印制　李　东　焦志炜
◆ 人民邮电出版社出版发行　　北京市丰台区成寿寺路 11 号
　　邮编　100164　　电子邮件　315@ptpress.com.cn
　　网址　https://www.ptpress.com.cn
　　北京九天鸿程印刷有限责任公司印刷
◆ 开本：700×1000　1/16
　　印张：10.25　　　　　　　　　2023 年 10 月第 1 版
　　字数：195 千字　　　　　　　2023 年 10 月北京第 1 次印刷
　　　　　　　　　　定价：129.80 元
读者服务热线：**(010)81055552**　印装质量热线：**(010)81055316**
反盗版热线：**(010)81055315**
广告经营许可证：京东市监广登字 20170147 号

前　　言

随着信息化、智能化进程的不断发展和深入，大至电力、通信、卫星等国家重大基础设施及其背后的物理信息网络，小至雷达、计算机、手机等单个电子信息设备，均大量采用了芯片、传感器、控制器等集成化的电子模块。这些高度集成的电子模块对高能量强度的电磁攻击十分敏感，极易被高能量强度的电磁波（简称强电磁波）损伤或损毁，进而引起整个电子信息设备乃至基础设施的功能降级或瘫痪。本书将高能量强度的电磁攻击简称为强电磁攻击，其典型使用方式是将强电磁波直接投射于被攻击设备，通过高电压击穿、热累积毁伤等方式破坏电子信息设备内部的敏感电子元器件，以达到损伤或损毁目标设备的目的。

随着国际上高功率微波（High Power Microwave，HPM）、脉冲功率等技术的不断发展和成熟，强电磁攻击技术已逐步进入实用化阶段，给国家电磁安全带来了严重的威胁。因此，强电磁防护技术的发展迫在眉睫，我国近年来也在不断提高对电磁安全的重视程度。然而，传统的电磁兼容学科主要解决的是电子信息设备之间的"自扰""互扰"问题，对于强电磁攻击的防护问题涉及得并不多。本书正是基于这一背景，从当前面临的电磁威胁和电磁安全形势出发，深入剖析了发展电磁防护技术的必要性和紧迫性；从电磁防护的通用设计思想着手，阐释了能量选择自适应防护（简称能选防护）技术与现有电磁防护方法的区别与联系，并着重介绍了与能量选择自适应防护技术相关的基础理论、分析设计、测试评估、工程应用等内容，期望对读者掌握电磁防护领域的基础理论知识、关键科学技术问题，以及从事相关领域研究等有所帮助。

本书由国防科技大学电子科学学院的刘培国、徐延林、刘晨曦、查淞、黄贤俊等人合力著述而成，是刘培国教授团队近十年来在能选防护领域研究成果的系统总结。希望本书能够推动电磁防护领域的发展和相关基础知识的普及，从而吸引更多的优秀人才参与电磁防护及电磁安全等领域的相关工作。最后，感谢博士研究生毋召锋、虎宁、邓博文和张继宏博士、杨成博士、谭剑锋博士、王珂硕士等人提供的部分仿真设计案例，特别感谢毋召锋、虎宁、邓博文对本书文字的校订以及部分章节编写的协助。

目　　录

第 1 章　电磁威胁与电磁防护概述

本章首先从电磁安全的角度概括地介绍电子信息系统面临的电磁安全威胁以及开展电磁防护研究的必要性。然后，重点分析当前几种典型的强电磁威胁源的信号特征和产生方式，并分析强电磁攻击引发的电磁安全问题及其潜在后果。最后，对国内外电磁防护技术的发展现状进行总结和对比分析，为后续介绍能量选择自适应防护技术奠定基础。

1.1　电磁防护的背景与意义

电磁空间作为独立于陆、海、空、天之外的第五维空间，是一切电子信息设备赖以工作并发挥效能的基础物理空间，同时包含了时域、空域、频域和能域等多个维度的能量和信息。对于一个现代化的国家而言，可以毫不夸张地说，大至国家的各项重大公共基础设施及其背后的物理信息网络，如电力系统、交通系统、通信系统等，小至单个电子信息设备，如雷达、手机、计算机等，无一不是依赖电磁空间开展工作的。因此，电磁空间的安全与稳定直接关系到整个国家的安全与稳定。

对于某一特定的电子信息设备而言，其电磁安全威胁主要源自两个方面：一方面是不同电子信息设备之间由于同时工作，各自产生的电磁波相互交错而引起的"无意"互扰和串扰；另一方面是敌对势力"有意"造成的、有针对性的电磁干扰或电磁攻击。前者多属于电磁兼容方面的问题，国内外的学者对其认知较早，且已经得到充分的重视，现今绝大多数电子信息设备在设计定型阶段均需满足电磁兼容性相关的标准和要求。并且，得益于近年来电磁兼容相关领域学科和技术的快速发展，针对电子信息设备之间的互扰、串扰问题，人们已经积累了较多的解决手段，技术储备较为雄厚。后者根据攻击电磁波能量强度的不同，能够对电子信息设备产生干扰、降级、损伤、损毁等不同程度的影响。鉴于强电磁波的生成难度，以往人们对外部电磁干扰、电磁攻击的关注重点多集中在抗有意电磁干扰方面，目前也已经取得较丰硕的成果。并且，随着相关标准的出台和不断完善，各种电子信息设备在设计定型阶段一般都会考虑抗电磁干扰相关的指标要求。相较而言，对于强电磁攻击，以往的重视程度并不高，大多数电子信息设备在设计定型阶段并没有考虑抗强电磁攻击毁伤的问题。然而，随着近些年高功率微波、脉冲功率等技术的不断发展和成熟，强电磁攻击给电子信息系统的电磁安全带来了更严重的全新威胁。

与电磁干扰的"软杀伤"相比，强电磁攻击能够通过强电磁波直接从物理层面损伤或损毁电子信息设备中的敏感电子元器件，给设备造成不可逆转的"硬杀伤"。并且，由于电磁波的空间覆盖性和电磁绕射特征，强电磁攻击能够充分通过电子信息设备上的各种信号、非信号通道进入设备内部，给设备内部的敏感电子元器件造成致命性的打击。特别是对于以电力系统网络、通信系统网络等为代表的大型电子信息系统网络，强电磁攻击往往能够通过破坏关键节点的方式，起到"由点及面"的打击效果，使一个国家的公共基础设施网络大范围瘫痪，给国家的安全稳定带来重大威胁。例如，2019 年 3 月 7 日，委内瑞拉发生了全国范围的停电事件，全国 23 个州中仅 5 个州未受波及，给交通、通信、金融、医疗等各行业都带来了重大的影响，严重影响了国家的安全稳定。经事后分析，委内瑞拉政府宣称其国家电网遭受了多次恶意电磁脉冲和网络攻击，这些攻击是造成此次大范围停电事件的主要原因。

鉴于强电磁攻击的颠覆性作用，世界各国已将强电磁攻击引发的电磁安全问题上升为国家战略，美国以及俄罗斯等欧洲发达国家更是在二十多年前便已开始布局，意在控制战略制高点。美国是国际上最早开展强电磁攻击武器和强电磁脉冲效应相关研究的国家，美国国会两度成立电磁脉冲委员会，先后发布了数十份与强电磁攻击威胁相关的研究报告。2019 年，美国总统针对重大设施电磁安全（包括预警、防护、恢复等）正式签署法令，目前已进入实施阶段。欧盟方面也十分重视电磁安全领域的研究，通过第七框架计划先后资助了 3 个重大设施的电磁安全研究课题，分别为：HIPOW（重大设施高功率微波威胁防护）、STRUCTURES（重大设施电磁攻击防护策略）和 SECRET（铁路应对电磁攻击安全防护），总投资约 3500 万欧元，在重大设施的电磁安全领域取得了重要的成果。相较而言，我国对于强电磁攻击防护（简称强电磁防护）和强电磁脉冲效应方面的研究起步和布局较晚。但随着近年来国际上强电磁武器的快速发展和成熟，我国也逐渐意识到了强电磁攻击的潜在威胁，并逐渐提高了对强电磁防护的重视程度。图 1-1 展示了通过某检索系统统计的近年来国际上高功率微波、强电磁脉冲等强电磁威胁源相关领域论著（专利、论文等）的发表趋势。可以看到，2000 年以后，特别是 2018 年以来，关于强电磁威胁源的研究进入了爆发期。不难预见，随着相关技术的不断发展、成熟和逐步普及，各类强电磁威胁源必将给我国的电磁安全形势带来极大的冲击。例如，某网站报道称，数百美元即可制造一枚可以摧毁中小型城市电力基础设施的电磁脉冲炸弹。这种消息虽无法证实其准确性，但却明显透露出公众对于电磁安全形势的认知和担忧。

为了应对愈发严峻的电磁安全形势，我国近几年不断提高对于电磁安全和电磁防护相关领域研究的重视程度。2020 年 4 月，中国工程院发布了"中国电子信息工程科技发展十六大技术挑战（2020）"，将电磁场与电磁环境效应列为其中之一，强调各类设备正面临严峻的电磁安全问题。同年 8 月，中国科学技术协会发布了"十大前沿科学问题和十大工程技术难题"，将信息化条件下国家重大基础设施如何防范重大电磁威胁列为十大工程技术难题之一。另外，我国于 2020 年年底通过了《国防法》的修订，其中专门增加了电磁安全领域的防卫政策，这是电磁安全首次上升至国家法律层面。由此可见，电磁防护已然成为一项关乎国家安全的重大基础性问题，具有重要的学术研究价值和巨大的工程应用前景。

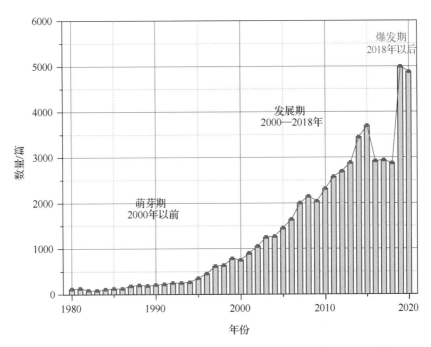

图 1-1　国际上高功率微波、强电磁脉冲相关领域论著的发表趋势

1.2　强电磁威胁及其毁伤效应

本书 1.1 节介绍了我国当前的电磁安全形式及面临的挑战，重点介绍了强电

磁攻击引发的一系列电磁安全问题及开展电磁防护研究的必要性。"知己知彼，百战不殆"，为了有针对性地开展电子信息设备的强电磁防护设计，首先要对强电磁攻击的特征和作用机理形成清晰的认知，这是电磁防护研究的基础和前提。故此，本节简要分析强电磁攻击的作用机理和毁伤效应。在此基础上，针对当前几种典型的强电磁威胁源，详细介绍各自产生的环境以及不同电磁攻击信号的电磁特征。

1.2.1　强电磁毁伤效应

根据前文所述，强电磁攻击的主要目的是通过强电磁波物理毁伤敏感电子元器件，故其对电子信息设备的作用效果已不仅仅局限于信号扰动层面，与传统的电磁干扰攻击方式存在较大的差异。严格来说，强电磁攻击对于电子信息设备的作用机理和毁伤效应分析应是一个涉及电磁、热、力等多学科的交叉性问题。对这样一个复杂的问题进行准确、定量分析的难度很大，并非本书关注的重点，因此本小节仅从宏观电磁效应的角度对强电磁攻击的毁伤效应进行简要介绍。

以文献[1-5]中关于强电磁脉冲、高功率微波等典型强电磁攻击信号对半导体器件、电子信息设备的毁伤效应的描述为参考，本书归纳了电磁攻击对于电子信息设备的几种典型作用效果：依据电磁攻击能量强度的不同，电子信息设备受到的影响依次可分为干扰、降级、损伤、损毁 4 个等级，不同等级的电磁效应在统计意义上对应的电磁攻击强度可参考图 1-2。

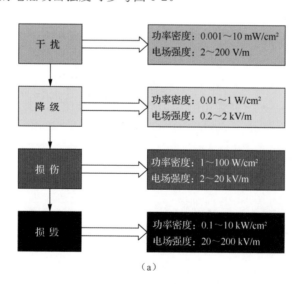

（a）

图 1-2　不同等级的电磁效应在统计意义上对应的电磁攻击强度

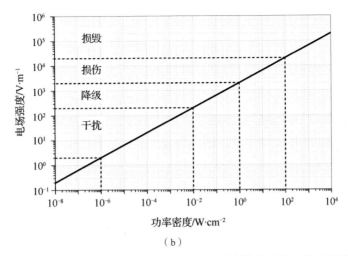

（b）

图 1-2　不同等级的电磁效应在统计意义上对应的电磁攻击强度（续）

干扰：当使用功率密度为 $10^{-6}\sim10^{-2}$ W/cm^2 的电磁波照射目标设备时，电子信息设备自身收发的工作电磁信号会受到强烈干扰，导致设备信号质量下降或无法正常工作。

降级：当电磁攻击的功率密度达到 $10^{-2}\sim1$ W/cm^2 时，可导致雷达、通信、导航等设备中的芯片、微系统或器件的性能下降或失效，引起系统整体工作效能降级。

损伤：当电磁攻击的功率密度进一步提高至 $1\sim10^2$ W/cm^2 时，设备中包含的金属组件会感应出强电压或强电流，直接影响设备中敏感电子元器件的工作特性，造成误码、逻辑混乱、通信中断等情况，甚至可能直接抹除计算机中存储的信息，造成系统永久性的损伤。

损毁：当电磁攻击的功率密度超过 10^2 W/cm^2 甚至达到 10^4 W/cm^2 时，电磁波的电场强度（简称场强）将达到数万甚至数十万伏每米；能量强度如此高的电磁场会使电子元器件产生许多非线性的电效应和热效应，可在瞬间通过高电压击穿或热累积毁伤的方式损毁任何波段的绝大多数电子元器件，导致半导体器件的结烧蚀、线熔断等。

最后，需要特别指出的是，图 1-2 所示的电磁效应分级和所需的电磁攻击强度并非一个固定的标准，仅是根据现有文献、资料及实验数据总结、提炼出来的一种经验说法。具体的工程应用过程中，电磁攻击的实际作用效果还与攻击源的特征参数（如功率、频率、带宽、上升沿、脉宽、重频等）、攻击距离、攻击作用时间及目标设备自身的电磁响应敏感度等诸多因素紧密相关。一般而言，通常意义上的强电磁攻击主要是指场强达到数千伏每米以上的电磁攻击，其对电子信息设备的作用效果通常以损伤或损毁为主。图 1-3 展示了强电磁攻击对元器件和电路造成的几种典型毁伤现象。可以看到，与电磁干扰的"软杀伤"相比，强电磁攻击对于电子信息设备的毁伤效应多是以不可逆转的物理"硬杀伤"为主，这也是强电磁攻击与传统电磁干扰的最大区别。

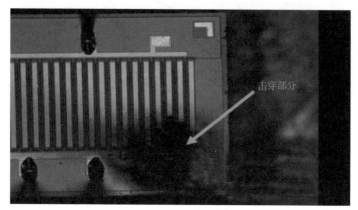

（a）元器件击穿

（b）电路毁伤

图 1-3　强电磁攻击对元器件和电路造成的典型毁伤现象

根据电磁波的物理特征，强电磁攻击对电子信息设备造成毁伤的效应机理通常可分为电效应和热效应两种，典型破坏机制包括高电压击穿、元器件烧毁、微波加热、浪涌冲击、瞬态干扰[4]等。除了高能量强度这一典型特征，强电磁攻击对于电子信息设备的毁伤效果还与其作用于目标的持续时间紧密相关。文献[6-10]研究了强电磁脉冲的持续时间与元器件的临界损伤功率的关系，如图 1-4 所示：当脉冲持续时间小于 100 ns 时，元器件的临界损伤功率与热无关，定义为绝热区，元器件损伤主要由电效应引起；当脉冲持续时间为 100 ns～10 μs 时，部分热量可由热传导作用扩散，定义为温塞奇-贝尔（Wunsch-Bell）区，元器件损伤由热效应和电效应共同引起；当脉冲持续时间大于 10 μs 后，元器件热量的产生与扩散处于动态平衡，临界损伤功率为常数，定义为常数功率区。高功率微波是一种典型的强电磁攻击源，其脉宽一般处于绝热区和 Wunsch-Bell 区，且具有较高的瞬时功率，在重频脉冲作用下，对元器件的临界功率会进一步降低。

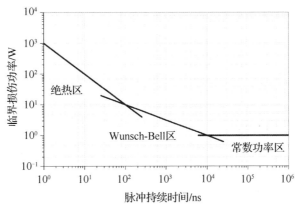

图 1-4　强电磁攻击效应与持续时间关系[5]

与电磁干扰的信号扰动效果相比，强电磁攻击的毁伤效果对电子信息设备的威胁无疑更严重。可以毫不夸张地说，随着强电磁攻击的成熟，未来一段时间内，其必然会成为电子信息设备或集成化平台的"头号杀手"，更值得我们警惕。

首先，从强电磁攻击自身的特点来看，强电磁波直接作用于电子信息设备时，具有瞬变突发、非线性、共振增强、瞬态脉冲渡越等全新特点。这种攻击方式与传统意义上的电磁干扰存在较大差异，将使常规的电磁兼容措施和抗干扰手段失效。另外，与电磁干扰的"软杀伤"相比，强电磁攻击能够通过高电压击穿或热累积毁伤的方式破坏设备内部的敏感电子元器件，给电子信息设备造成不可逆转的永久性损伤。这种极端的攻击方式无疑会给电子信息设备带来更严重的电磁安全威胁。

其次，从强电磁攻击的作用方式来看，它具有隐蔽、突发、大范围、瞬时作用等典型特征，其往往对国家重大基础设施网络或者集成化的电子信息设备呈现出"由点及面"的攻击效果，任何一个电磁薄弱环节或敏感点都可能成为其突破对象，进而对整个电子信息设备实施打击。它不仅可以摧毁单个电子信息设备的敏感电子元器件，还能够大规模瘫痪一个国家的电力、交通、通信等公共基础设施及与之关联的物理信息网络，对国家安全产生巨大威胁，具有远高于传统火力打击的费效比。

最后，从技术的发展趋势来看，随着信息化进程的不断深入，各类电子信息设备或平台正向着集成化、智能化的方向发展，其中大量运用了集成化的传感器、控制器等各类电子模块。这类高度集成的电子信息设备对强电磁攻击具有天然的敏感性，强电磁攻击瞬间释放的超高能量强度、超宽谱电磁脉冲能够摧毁这类设备中的绝大多数敏感组件或元器件，造成整个系统的功能降级或设备损毁。然而遗憾的是，我国虽然近年来已经逐渐认识到强电磁防护的重要性和迫切性，但目前仍缺乏相关的防护设计规范和标准，大多数电子信息设备在设计和研制阶段采用的仍然是电磁环境适应性标准规定的 200 V/m 要求，与数千甚至上万伏每米的强电磁防护现实需求还存在较大差距，亟待针对性地发展相应的强电磁防护技术。

1.2.2 强电磁辐射源的特征与分类

通常，产生电磁信号的激励源被称为电磁辐射源。根据产生类型的不同，电磁辐射源大致可以分为两类：一类是自然辐射源，如太阳黑子、地磁暴、雷电和静电等；另一类是非自然辐射源（或称人为辐射源），如电视广播、通信基站、雷达、卫星、核爆及高功率微波等。这些电磁辐射源中，最具破坏性的是高能量强度的辐射源，本书将其统一称为强电磁辐射源，如图 1-5 所示。强电磁辐射源产生的强电磁波或强电磁脉冲不仅会对电子信息设备的工作性能造成影响，甚至能够直接物理毁伤电子信息设备内部的敏感元器件，给设备的电磁安全带来重大威胁。需要说明的是，此处的强电磁辐射源与前文所述的强电磁威胁源内涵相同，均是指代可产生强电磁波的设备或环境。从被攻击设备的角度而言，通常将其称为强电磁威胁源；从信号产生的角度而言，通常将其称为强电磁辐射源，本小节统一将其称为强电磁辐射源。

本小节接下来对一些典型强电磁辐射源的类型及特征进行介绍。

1. 自然辐射源

顾名思义，自然辐射源是指自然界中某些能够产生强电磁波的自然过程或环境，典型代表有雷电放电、静电放电两种。

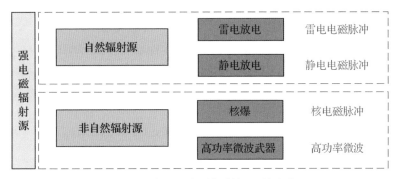

图 1-5　常见强电磁辐射源及其分类

（1）雷电放电

雷电放电是自然界中一种常见的瞬变高功率电磁现象，如图 1-6（a）所示。雷电放电辐射出的高能量强度电磁场（简称强电磁场）可以通过电子信息设备的射频前端、孔缝等途径耦合进入设备内部，损毁其中的敏感元器件或组件，从而对设备或系统的安全运行造成威胁。

雷电电磁脉冲的典型特点是能量大、变化快、作用范围广。一般而言，雷电电磁脉冲的作用距离可长达几十公里，雷击点百米范围内的电磁场峰值场强可高达几十万伏每米，脉冲前沿可达百纳秒到微秒量级，其主要能量通常集中在 10 MHz 以下的频段内。典型雷电电磁脉冲的电流时域波形如图 1-6（b）所示。

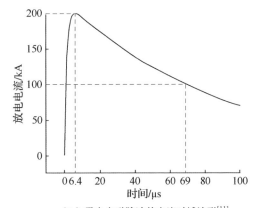

（a）雷电放电现象　　　　　（b）雷电电磁脉冲的电流时域波形[11]

图 1-6　典型雷电放电现象及雷电电磁脉冲的电流时域波形

（2）静电放电

静电放电也是自然界中常见的一种现象，它是指静电源（积累静电电荷的物体）对周围介质的静电电位较高时发生的高电压击穿现象，如图 1-7（a）所示。一般来说，静电源在静电放电过程中会产生高幅度的瞬变脉冲电流，进而向周围空间辐射强电磁脉冲，这种电磁脉冲通常被称为静电电磁脉冲。

作为一种典型的近场危害源，静电电磁脉冲能够对大多数电子信息设备造成物理上的永久损伤。一般情况下，静电电磁脉冲的上升沿十分陡峭，尤其是在几米的范围内，上升沿时间有时可达纳秒量级，甚至皮秒量级，如图 1-7（b）所示。同时，静电电磁脉冲的频谱范围极宽，可由几十兆赫兹横跨至几吉赫兹，并且其近场幅值也很高，场强甚至可高达数千伏每米。由于人们在工作、生活中往往会不经意地引起静电放电现象，故而如何防范静电电磁脉冲是大多数电子信息设备必须考虑的一个问题，一些电子信息设备的制备车间也必须考虑静电消除。

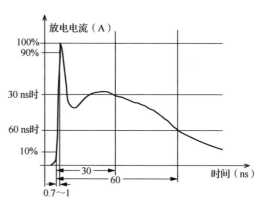

（a）静电放电现象　　　　　　　　（b）静电电磁脉冲的电流时域波形[12]

图 1-7　典型静电放电现象及静电电磁脉冲的电流时域波形

2. 非自然辐射源

非自然辐射源又称人为辐射源，是指能够产生强电磁波的设备或人造环境，典型代表包括核爆、高功率微波武器等。

（1）核爆

核爆所产生的高能量强度电磁脉冲被称为核电磁脉冲。核爆时释放的 X 射线、γ 射线会与周围介质相互"撞击"，产生非对称性高速康普顿电子流。康普顿电子流的不对称运动会激励出的一种时变电磁场，从而产生核电磁脉冲，如图 1-8 所示。核电磁脉冲的典型特征是幅度大、频谱宽、作用范围广。通常，核爆产生的电磁脉冲信号可传到数千公里以外，而核爆中心几十公里内的电磁脉冲场强可达上万伏每米，其频谱可覆盖从几赫兹到几百兆赫兹的范围，该频谱范围覆盖军用和民用的大部分频段，能对覆盖地区的电子信息设备造成毁灭性打击。

核电磁脉冲很早就受到人们的关注，目前关于其特征的研究已相当深入，并形成了一定的标准规范。通常，核电磁脉冲可分为源区核电磁脉冲和辐射区核电磁脉冲两种。其中，辐射区核电磁脉冲又称高空电磁脉冲（High-altitude Electromagnetic Pluse，HEMP），是指核爆中心在距地面 60～100 km 的高空时产生的对地强电磁脉冲，由于其作用范围巨大，是电子信息设备最可能面临的核电磁脉冲环境。国内外关于核电磁脉冲的相关研究起步较早，目前已有较权威的国标和军标可供参考，主要包括国际电工委员会（International Electrical Commission，IEC）颁布的标准 IEC 61000—1、IEC 61000—2，以及美军标 MIL—STD—461 系列等。

图 1-8　核爆产生核电磁脉冲的概念示意图

HEMP 产生的根本原因是核爆生成的 γ 射线与周围空气分子之间的相互"撞击"。根据其物理形成过程，HEMP 可以进一步分解为早期（E1）、中期（E2）及晚期（E3）这 3 个阶段，它们的典型时域波形和参数分别如图 1-9 和表 1-1 所示。可以看出，对电子信息设备威胁最大的是 HEMP 的 E1 阶段，其场强可达数十千伏每米，脉冲前沿达纳秒量级，脉宽达数十纳秒，频谱覆盖范围从直流至 300 MHz 以上，作用半径长达 1000 km。据估算，若百万吨当量级别的核武器在数十公里高空爆炸，其生成的核电磁脉冲能够对半径数千公里范围内的电子信息设备产生冲击和影响。1961 年 10 月 31 日，苏联在新地岛上空 35 km 处的高空进行了核爆试验，苏军数千公里范围内的地面雷达站被烧毁，通信信号中断，导致部队丧失指挥能力长达数小时；1962 年 7 月 9 日，美国在太平洋约翰斯顿岛上空约 40 km 处的高空进行了核爆试验，800 km 外的电力、照明、防盗报警系统均受到不同程度的损伤，1300 km 外的夏威夷群岛上美军电子、通信、监视、指挥系统也因受到核电磁脉冲冲击而全部失灵。

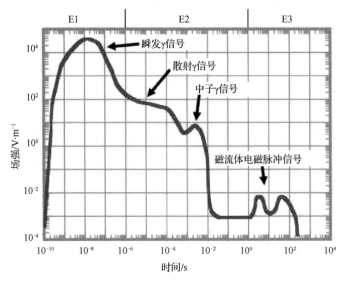

图 1-9 HEMP 不同阶段的典型时域波形[13]

表 1-1 HEMP 产生机理及典型参数

阶段	产生机理	场强	脉宽	脉冲前沿	作用半径
E1	康普顿电子在地磁场的作用下发生偏转，形成横向电流。该电流在向地球表面传播时形成横向电场	<50 kV/m	<100 ns	纳秒级	1000 km
E2	散射 γ 射线及武器内中子的非弹性散射所产生的附加电离激励的第二部分电磁脉冲信号	10～100 V/m	1 ms～1 min	微秒级	1000 km
E3	因核爆产生的"火球"等离子体与地磁场相互作用	MV/m 级	1～10³ s	毫秒级	1000 km

值得重视的是，虽然受国际形势的影响，核武器的使用受到了限制。但是一些军事强国正在寻求发展低当量、小型化的核武器，这一举措大大降低了核打击与核电磁脉冲攻击的门槛。以美国为例，目前正在大力发展 1 万吨 TNT 以下的低当量核弹头。低当量核弹头具有放射性污染小、使用灵活等优点，可以作为战术级武器用于摧毁敌方重大基础设施、地下工事、导弹发射井、指挥所、机场和舰艇编队等高价值目标。2018 年 2 月，美国国防部发布《核态势评估》报告，明确提出要发展低当量的核武器。同年 6 月，美国国家核武器委员会批准了初步研发

和生产方案。美国科学家联合会 2020 年 1 月底发表文章称，美军已开始为"三叉戟"潜射导弹配备 W76-2 型低当量核弹头，未来将用于威慑或战术核打击任务。另外，美国国家核安全管理局的 2020 年度报告显示，美国目前已完成 W76-2 的组装工作。W76-2 的爆炸当量仅相当于上一代（W76-1）的 1/20，是体积小、准确度高、易部署、机动性强的低当量战术核弹头。由此可见，核电磁脉冲的威胁离我们并不遥远，核电磁脉冲防护仍然是当前电子信息设备设计和研制过程中不可忽视的一个重要环节。

（2）高功率微波武器

高功率微波武器是一种具有"软硬"杀伤能力和多种作战用途的新型武器系统，主要采用了脉冲功率技术、高功率微波源技术以及定向辐射天线技术等，通过向目标辐射高功率电磁波，达到杀伤敌人员，干扰甚至毁伤敌武器装备、网络链路和其他电子信息设备中的敏感电子模块的目的。与雷电电磁脉冲、核电磁脉冲等具有标准波形的威胁源相比，高功率微波武器产生的攻击电磁波形式更多样、频谱范围更广、毁伤效应更复杂，故针对高功率微波武器的防护难度更大。

高功率微波是一种具有高能量强度的电磁辐射环境。根据工作带宽的不同，高功率微波通常分为窄谱和超宽谱两种。国军标 GJB 9257—2017 中，窄带高功率微波指频率为 300 MHz～300 GHz、百分比带宽小于 5%、峰值功率大于 100 MW 或平均功率大于 1 MW 的电磁辐射。超宽谱高功率微波一般指百分比带宽超过 25%、峰值功率大于 100 MW 的电磁辐射，其频谱可以从几十兆赫兹扩展到数十吉赫兹[14]。

图 1-10 和图 1-11 展示了高功率微波和雷电电磁脉冲、核电磁脉冲的差异。首先，从时域波形来看，雷电电磁脉冲和核电磁脉冲主要以高能量强度的短时单脉冲为主，这就意味着其对于电子信息设备的毁伤效应多是高电压击穿的电效应；而对于高功率微波，它的波形样式要更加丰富，既可以为短时单脉冲，也可以为连续的多个脉冲串，甚至可以为连续波，故它对于电子信息设备的毁伤效应既可以是高电压击穿的电效应，也可以是依靠能量累积的热累积毁伤。其次，从频谱分布来看，雷电电磁脉冲的主要能量集中在 10 MHz 以下频段，核电磁脉冲的主要能量也分布在数百兆赫兹以下频段；而对于高功率微波，其频谱覆盖范围为数十兆赫兹至数十吉赫兹，主要能量分布也可以根据攻击对象的频段特征灵活设计。因此，对于电子信息设备而言，特别是接收设备，高功率微波很容易通过参数的调控与设计，有针对性地开展带内攻击，故其威胁性远高于雷电电磁脉冲和核电磁脉冲。

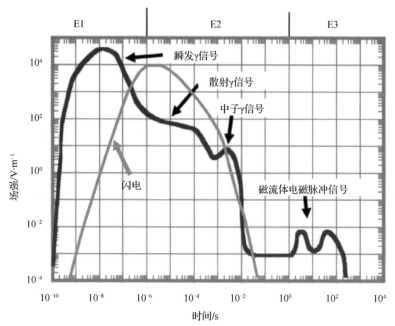

（a）雷电电磁脉冲和核电磁脉冲时域波形示意图

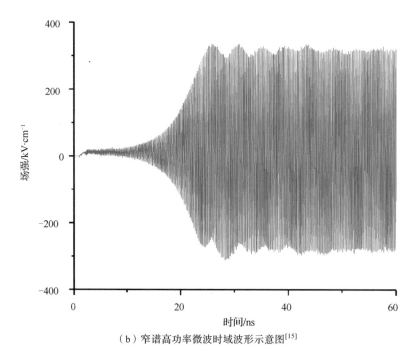

（b）窄谱高功率微波时域波形示意图[15]

图 1-10　几种典型电磁脉冲的时域波形

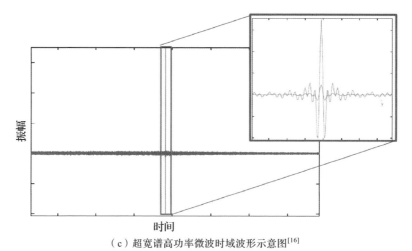

（c）超宽谱高功率微波时域波形示意图[16]

图 1-10　几种典型电磁脉冲的时域波形（续）

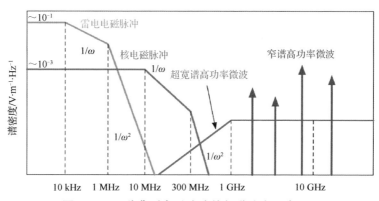

图 1-11　几种典型电磁脉冲的频谱分布示意图

值得一提的是，在上面介绍的诸多强电磁辐射源中，非自然辐射源最值得我们重视。非自然辐射源的产生和传输过程可以被人为操控，故其很容易被用于隐蔽的、非常规的军事对抗。另外，与核电磁脉冲的使用门槛相比，高功率微波的产生和使用更灵活、门槛更低，是当前电子信息设备电磁安全的首要威胁。

另外，需要引起重视的是，随着高功率微波源相关技术的快速发展和成熟，从 21 世纪开始,若干具有代表性的成果已经逐步走出实验室并向军用武器的方向发展，转化为多种强电磁攻击武器样机，部分成果目前已经具备实战化能力。其中，最具代表性的当数美国的反电子信息设备高功率微波先进导弹项目（Counter-electronics High Power Microwave Advanced Missile Project，CHAMP）。CHAMP 由美国空军研究实验室牵头，波音公司联合承担，旨在针对敌方高价值的电子信息设备，开发非致命性的新型攻击性武器。2011 年 5 月和 2012 年 10 月，CHAMP

连续进行了两次飞行试验，均取得了成功。试验时，CHAMP 导弹按照既定路线，在美国犹他州沙漠低空飞行一小时，使全部 7 个不同目标内的电子信息设备降级或失效。如图 1-12 所示，导弹在抵近一座目标建筑物时可以猝发高功率微波，使目标建筑内的照明系统瘫痪，同时使目标建筑内的计算机全部瘫痪，无法正常工作。与以往的电子干扰装备不同，CHAMP 旨在物理摧毁对方的电子信息设备，实施致命打击，而并非暂时性的电磁干扰或功率压制，其峰值输出功率可达数十甚至上百吉瓦。如此高能量强度的瞬时微波攻击，借助 AGM-86 型空射巡航导弹低空突防的优势，在抵近攻击时，能够产生场强为数十千伏每米的强电磁场。一发导弹能够进行多次电磁攻击，对大范围内的电子信息设备产生致命损伤，具有远高于传统导弹的费效比。然而，自 2012 年成功完成飞行攻击试验之后，CHAMP 就逐渐淡出了人们的视野。直到 2019 年 4 月，英国"每日邮报"（DailyMail）网站宣称美国空军已经部署了至少 20 枚 CHAMP 导弹，但这一消息是否属实目前仍无定论。CHAMP 淡出公众视野的原因，可能是美国出于保密原因不再进行公开报道，也有可能是 CHAMP 仅是一个演示验证项目，已完成其历史使命。因此，有人推测，由美国空军和海军联合开展的高功率联合电磁非动力打击（High-power Joint Electromagnetic Non-Kinetic Strike，HiJENKS）项目正是 CHAMP 的后续。当然，不管 CHAMP 的发展如何，它成功地让我们看到了强电磁武器的恐怖之处，也引起了越来越多的人对于电子信息设备强电磁防护的重视。

图 1-12　CHAMP 导弹工作示意图[17]

1.3　电磁防护技术的发展现状

"矛"与"盾"的发展从来都是相辅相成、相互促进的。强电磁攻击的重大威胁以及迅疾的发展速度让更多国家认识到了电磁能量的巨大破坏力，因此世界各国在发展强电磁攻击技术的同时，也高度重视对强电磁防护的研究。

针对强电磁攻击对电子信息设备的作用特点，目前主要的防护手段可分为 3 类：幅度衰减、频率隔离及时间规避。其中，幅度衰减就是通过电磁防护器件或电磁防护材料的限幅或屏蔽作用，降低耦合进入电子信息设备内部的电磁能量，典型防护装置包括脉冲过电压防护器（简称脉冲过压防护器）、限幅器、能量选择表面（Energy Selective Surface，ESS）、电磁屏蔽材料等。频率隔离就是通过频域滤波滤除强电磁攻击信号，保留工作信号，典型装置包括频域滤波器、频率选择表面（Frequency Selective Surface，FSS）等。需要指出的是，频率隔离的防护思想一般适用于窄带系统且电磁攻击的信号频段不在系统工作频段内的情况；而对于有针对性的带内强电磁攻击（电磁攻击信号的频段处于系统工作频段内），这种方法通常是不可行的。时间规避就是在电路中设计电磁感应电路，在强电磁攻击来临时将电子信息设备快速切换到保护状态，并在强电磁攻击结束时将其恢复至正常工作状态。这种方式一般要求具有一定的先验情报信息，在实际应用中不具有广泛的可行性。根据以上分类，下面分别介绍国内外电磁防护领域的相关技术发展现状和水平。

1.3.1　国外电磁防护技术

美国的电磁防护技术可代表世界的最高水平，其对电子信息设备的强电磁防护尤其重视。多年来，美国开展了大量的设备强电磁环境效应试验以及设备电磁环境适应性评估等方面的研究，先后颁布了 MIL—STD—461、MIL—STD—464、MIL—STD—188—125、RTCADO—160 等一系列标准，涵盖了雷电电磁脉冲、核电磁脉冲、高功率微波等强电磁环境类型，并给出了相应的防护限值要求或参考限值。依据完善的标准要求，美军对其电子信息设备开展了从器件级、设备级、系统级到大系统级的强电磁环境效应试验、适应性评估、防护验证等工作。另外，美军已经拥有高精度、实用化、大规模、成系列的电磁防护材料仿真分析和实战化设计能力，积累了从器件、电路、设备到系统级防护材料的设计模型和数据库，可用于武器装备的电磁防护性能预测分析，并将电磁防护顶层设计技术定位为提高装备作战效能和生存能力的核心支撑技术。

幅度衰减防护方面，国外开展了多种射频保护器件的电磁响应特性和防护能力研究，包括瞬变脉冲过电压防护器、限幅器等。其中，常用的瞬变脉冲过电压防护器件主要有火花间隙、金属氧化物压敏电阻器、气体放电管和瞬态电压抑制（Transient Voltage Suppressor，TVS）二极管等。这里列举一些典型的例子：德国新研发的防雷击、防核电磁脉冲器件可承受数十千安的脉冲电流，响应时间不超过 10 ns；韩国和美国相关国防实验室研发了多种浪涌保护器件，能起到吸收外来电磁脉冲能量的作用；日本国防研究部门新研制出的硅基浪涌防护器件，响应速度快，已用于通信电路和电源防护；瑞士 Huber-Suhner 公司研制的基于气体放电管的防护模块，最大放电电流达 40 kA，频率适用范围在 3 GHz 以内，主要应用于各类通信系统射频前端的电磁脉冲防护，如图 1-13 所示。

图 1-13　瑞士 Huber-Suhner 公司的基于气体放电管的防护模块

限幅器多用于雷达、通信和导航等设备的射频前端，其功能是将输出信号的电平限定在设定阈值以下，使后端接收的信号电平保持在安全强度范围内，从而实现强电磁防护。目前，限幅器主要有 3 种实现方式：固态半导体、等离子气体、高温超导体。受到使用环境以及技术成熟度的影响，目前最常用的是半导体限幅器，等离子体限幅器近年来也有较大的发展。美国的半导体行业一直处于国际领先地位，MACOM、Skyworks、Qorvo、Aeroflex、TriQuint 等公司研制了一系列覆盖全波段的大功率限幅器及限幅芯片，能够满足各类防护需求，具有良好的性能。例如，美国 TriQuint 公司开发的 TGL 系列限幅芯片，覆盖了 0.1～25 GHz 的超宽频段范围，如图 1-14 所示。该类型的限幅芯片采用砷化镓（GaAs）基底单片微波集成电路（Monolithic Microwave Integrated Circuit，MMIC）

工艺，在电路设计时集成了多级垂直沟道 PIN 限幅二极管，峰值耐受功率可达数百瓦，脉冲耐受功率密度最高可达 100 W/mm³，主要应用于射频模块内部电路防护。此外，美国 Aeroflex 公司研发的 ACLM 系列限幅芯片，使用频段范围为 0.5～18 GHz，在宽频段内峰值耐受功率能够达到 100 W。该类型限幅芯片采用陶瓷基底微带电路工艺，在电路设计时集成了多级硅基 PIN 二极管和肖特基二极管，最高峰值耐受功率能够达到 1000 W，脉冲耐受功率密度为 10 W/mm³，主要应用于有源相控阵雷达和导弹的高功率微波防护。表 1-2 展示了美国部分主要半导体器件厂商的典型限幅器产品的核心性能指标。

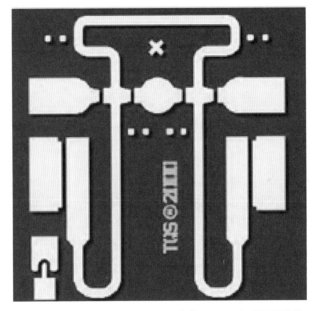

图 1-14　美国 TriQuint 公司开发的 TGL 系列限幅芯片

表 1-2　美国主要半导体器件厂商的典型限幅器产品性能指标
（ CW：连续波；P：脉冲 ）

限幅器型号	工作频段/GHz	插入损耗/dB	耐受功率/W	生产商
TGL2201	2.00～25.00	1.0	5（CW）	Qorvo
TGL2927-SM	2.00～4.00	0.5	200（P）	Qorvo
TGL2210-SM	0.05～6.00	0.7	100（P）	Qorvo
MALI-010365	2.70～3.80	0.5	100（P）	Apitech

限幅器型号	工作频段/GHz	插入损耗/dB	耐受功率/W	生产商
ACLM-4851	1.00～2.00	1.0	1000（P）	Aeroflex
ACLM-4601	0.50～18.00	1.8	200（P）	Aeroflex

频率隔离防护方面，国外主要采用频域滤波电路、频率选择表面等，完成对工作频段外的强电磁攻击滤除。频域滤波器方面，国外已从早期的分立式滤波器发展到高密度集成的小型化滤波器[18]。例如，基于基片集成波导（Substrate Integrated Waveguide，SIW）工艺设计的小型化集成滤波器件（见图1-15）具有高集成度、高功率容量、高隔离度、低插损和低杂散辐射等优势，可直接用于电子信息设备的强电磁防护，有效滤除工作频段外的电磁攻击信号。另外，频率选择表面方面，主要通过导电结构的二维周期排布实现对电磁攻击信号的频域滤波。具体而言，频率选择表面可以对通带内的电磁波实现低插损透波，而对通带外的电磁波呈现全反射特性。目前，频率选择表面主要应用于各种雷达天线罩的设计。

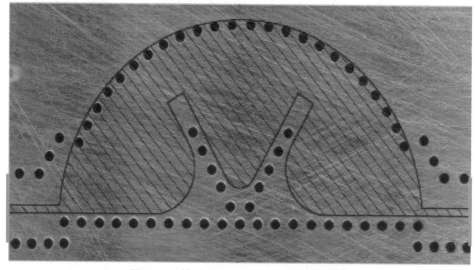

图1-15　基于SIW工艺的集成滤波器[19]

近些年，随着相关技术的进一步发展，将脉冲过电压开关、限幅、频率隔离等多种手段进行组合，成为电磁防护领域中一个新的研究热点。此外，应用先进的微机电系统（Micro-Electro-Mechanical System，MEMS）工艺，将限幅器和滤波器集成在一起，进行一体化设计，尽可能地提高其功率容量、降低插入损耗（Insertion Loss，IL），并且实现滤波性能的自适应可调，也是组合型电磁防护的一个重要发展方向。

在电磁屏蔽材料方面，全球电磁屏蔽材料领域已经形成较稳定的竞争格局。美国固美丽（Chomerics）公司是电磁屏蔽材料行业的全球领军企业，产品覆盖导电橡胶、屏蔽涂料、导电胶黏剂、导电泡棉等屏蔽产品，如图 1-16 所示，可应用于各类电子信息设备、方舱、指挥所的电磁屏蔽。

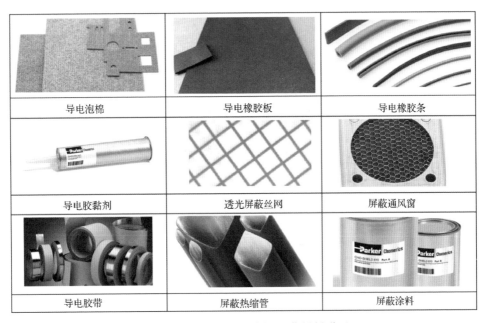

导电泡棉	导电橡胶板	导电橡胶条
导电胶黏剂	透光屏蔽丝网	屏蔽通风窗
导电胶带	屏蔽热缩管	屏蔽涂料

图 1-16　美国固美丽电磁屏蔽材料谱系

1.3.2　国内电磁防护技术

同样，针对电子信息设备的强电磁防护需求，国内也开发了限幅器、防护型天线罩、电磁屏蔽材料等防护装置。

在限幅器方面，中国电子科技集团公司（简称中国电科）第十二研究所、第十三研究所、第五十五研究所，以及国防科技大学、浙江大学、上海交通大学、中国船舶集团有限公司（简称中船）第七〇一研究所等单位是国内该领域的优势单位，设计与研制了多种类型的强电磁脉冲防护器件与防护装置，可用于电子信息设备的强电磁脉冲防护，部分产品的技术指标达到国际先进水平。例如，中国电科第五十五研究所基于 GaAs 基材研制了 X 波段的大功率限幅器，对占空比为 40%的高功率微波信号耐受能力不低于 100 W[20]。中国电科第十三研究所联合国防科技大学，采用优化的限幅器拓扑结构，研制出一款小型化高功率微波限幅器，如图 1-17 所示。该限幅器采用两级限幅电路，在 0.3～2.0 GHz 频段内可耐受占空比为 0.1%的 1000 W 峰值功率，达到国际领先水平[21]。陆军工程大学设计出一款多级 PIN 限幅器，创新性地将管芯并联，形成低通滤波网络，具有良好的电磁防护性能，响应时间小于 2 ns，限幅电平不高于 30 V[22-23]。此外，西北核技术研究所、国防科技大学、西安电子科技大学等单位在等离子体限幅器方向也展开了较为深入的研究，但是目前仍处于技术探索与攻关阶段，成熟的实物成果还比较少。

图 1-17　中国电科第十三研究所和国防科技大学合作研制的一种小型化高功率微波限幅器

在防护型天线罩方面，南京电子技术研究所在开关型频率选择天线罩方向进行了深入的研究，解决了开关型频率选择表面透波系数和带宽的问题，利用光电导开关技术，实现了 X 波段 4 GHz 带宽的全频段开关，达到国际先进水平[24-25]。国防科技大学创新性地提出了能量选择自适应防护的思想，可针对带内/带外强电磁攻击实现工作信号收发与强电磁防护的功能兼容，有效弥补了频率隔离防护技术对于带内强电磁攻击防护的不足。该团队研制的能量选择自适应电磁防护罩（简称能选防护罩）响应时间达到纳秒量级，可应对数万伏每米的瞬态强电磁攻击[26-29]。

在电磁屏蔽材料方面，中国电科第三十三研究所是国内电磁屏蔽材料研究的领先单位，其研究涵盖导电橡胶、吸波材料、导电涂料、导电胶黏剂、屏蔽玻璃等。此外，北京化工大学、哈尔滨工业大学等单位在电磁屏蔽材料领域也开展了一系列创新性的研究。其中，北京化工大学的研究主要集中在导电弹性体的填料种类、偶联处理方式、基体种类等因素对材料耐油性和耐盐雾腐蚀性的影响等方面；哈尔滨工业大学在耐环境型透光屏蔽材料的研究领域成果突出，主要体现在高透光与高屏效间兼容，以及其性能在高温和高湿环境下的稳定性等方面。

1.3.3 国内外技术对比分析

总体而言，我国在强电磁防护方面的研究起步较晚，近些年在国家相关部门的支持下，虽然陆续开展了一系列基础性的研究工作，在仿真设计、强电磁环境效应模拟与分析、强电磁防护技术及标准等方面也取得了一定的进步，但与国际先进水平相比，在防护标准、设计能力、试验条件、防护产品等方面仍然存在一定差距，并且关于强电磁防护，我国目前仍未出台统一的标准，绝大多数电子信息设备在设计定型阶段仍然采用的是电磁兼容性标准，并未采取系统性强电磁防护措施。

经过一段时间的发展，我国在电磁防护理论和方法的研究方面已经初具基础，特别是在电磁防护效应机理分析、数值仿真方法等方面取得了较大进步，部分成果已经在相关电子信息设备的设计中得到了应用，并逐步推广至重要基础设施领域。但针对大型基础设施等大规模、系统级的电磁防护设计才刚刚起步，应用案例还不多。另外，在基础理论和工业软件的研发方面，国内与国外相比仍有较大差距。目前，我国电磁兼容或电磁防护设计仍然比较依赖国外较成熟的电磁仿真软件。虽然国内一些优势单位在算法理论方面的研究并不弱于国外，但在集成工业软件的研发与推广应用方面尚未形成规模，仍无法取代国外电磁仿真软件的地位。在电磁防护材料和防护器件的研发方面，国内虽然推出了多款产品，但与国外相比在性能上仍有一定差距。例如，在电磁防护材料方面，用于电磁防护复合材料的镀金属短切纤维，国内目前的产品与国外同类型产品相比，制备的轻质电磁防护复合材料在电磁防护效能（Shielding Effectiveness，SE）和拉伸强度上还有所不足；国产材料在橡胶基体和吸收剂粉体的融合性、制品柔韧性方面与国外产品还存在一定差距，高性能吸波贴片系列产品主要依赖进口。在防护器件方面，国内关于限幅器的研究虽然在设计水平上能够达到国际一流水平，但成熟货架产品的工作带宽、耐受功率等指标距国外先进产品仍存在一定差距。

总体来说，虽然我国目前在强电磁防护的标准、技术、产品等方面较国际先进水平都有一定差距，但从发展速度上来看，国内的势头还是比较喜人的。特别是随着我国近年来对强电磁威胁的重视程度不断提高，电磁安全和电磁防护的研究得到了前所未有的重视，这必然会极大地促进相关领域的发展。

参考文献

[1] 杨成. 能量选择表面防护机理与分析[D]. 长沙：国防科技大学，2011.

[2] 谭志良，胡小峰，毕军建. 电磁脉冲防护理论与技术[M]. 北京：国防工业出版社，2013.

[3] 余世里. 高功率微波武器效应及防护[J]. 微波学报，2014, 30(S2): 147-150.

[4] 谭璐. GaAs 基 PIN 二极管的高功率微波毁伤机理研究[D]. 西安：西安电子科技大学，2017.

[5] 张继宏. 射频前端能量选择电磁防护结构与器件设计研究[D]. 长沙：国防科技大学，2022.

[6] 高川. PIN 二极管的高功率微波毁伤机理研究[D]. 西安：西安电子科技大学，2014.

[7] Wunsch D C, Bell R R. Determination of Threshold Failure Levels of Semiconductor Diodes and Transistors Due to Pulse Voltages[J]. IEEE Transactions on Nuclear Science, 1968, 15(6): 244-259.

[8] 李平，方进勇，刘国治，等. 电子信息系统 HPM 脉宽效应探讨[J]. 试验与研究，2000, 23(1): 70-77.

[9] 李平，刘国治，黄文华，等. 半导体器件 HPM 损伤脉宽效应机理分析[J]. 强激光与粒子束，2001(3): 353-356.

[10] 王明. PIN 限幅器高功率微波重复脉冲效应机理研究[D]. 绵阳：中国工程物理研究院，2018.

[11] 张万里，史云雷，何勇，等. 雷电电磁脉冲对典型机载 GPS 模块的损伤效应研究[J]. 强激光与粒子束，2021, 33(3): 22-28.

[12] 舒晓榕. ESD 模拟器的特性仿真及实验验证[D]. 武汉：武汉理工大学，2019.

[13] 谢彦召，王赞基，王群书，等. 高空核爆电磁脉冲波形标准及特征分析[J]. 强激光与粒子束，2003, 15(8): 781-787.

[14] 黄裕年, 任国光. 高功率超宽带电磁脉冲技术[J]. 微波学报, 2002, 18(4): 90-94.

[15] Deng X, He J, Ling J, et al. A Low-magnetic Field High-efficiency High-power Microwave Source with Novel Diode Structure[J]. AIP Advances, 2020, 10: 115114.

[16] Zachary B D, Bisrat D A, Victor M M, et al. A Compact High-gain High-power Ultrawideband Microwave Pulse Compressor Using Time-reversal Techniques[J]. IEEE Transaction on Microwave Theory and Techniques, 2020, 68(8): 3355-3367.

[17] 杨成. 能量选择表面仿真、测试与防护应用研究[D]. 长沙: 国防科技大学, 2016.

[18] 谭剑锋. 电子信息系统前端强干扰综合防护技术研究[D]. 长沙: 国防科技大学, 2019.

[19] Sieganschin A, Tegowski B, Jaschke T, et al. Compact Diplexers with Folded Circular SIW Cavity Filters[J]. IEEE Transactions on Microwave Theory and Techniques, 2021, 69(1): 111-118.

[20] 彭龙新, 李真, 徐波, 等. X 波段 100 W GaAs 单片大功率 PIN 限幅器[J]. 固体电子学研究与进展, 2017, 37(2): 99-102, 139.

[21] 邓世雄, 高长征, 陈书宾, 等. 小型化高功率微波限幅器研究[J]. 微波学报, 2020, 36(5): 70-73.

[22] 李亚南, 谭志良. 基于 PIN 二极管的快上升沿电磁脉冲防护模块设计与研究[J]. 兵工学报, 2018, 39(10): 2066-2072.

[23] 李亚南, 谭志良, 彭长振. 基于短波通信的射频前端电磁脉冲防护模块仿真与设计[J]. 电子学报, 2018, 46(6): 1421-1427.

[24] 张强, 张成刚. 电控开关型频率选择表面研究[J]. 微波学报, 2013, 29(1): 1-4.

[25] 张强. 新型开关型 FSS 天线罩技术进展[J]. 现代雷达, 2017, 39(6): 1-5.

[26] 刘培国, 刘晨曦, 谭剑锋, 等. 强电磁防护技术研究进展[J]. 中国舰船研究, 2015, 10(2): 2-6.

[27] Yang C, Bruns H D, Liu P G, et al. Impulse Response Optimization of Band-limited Frequency Data for Hybrid Field-circuit Simulation of Large-scale Energy-selective Diode Grids[J]. IEEE Transactions on Electromagnetic Compatibility, 2016, 58(4):1072-1080.

[28] Hu N, Wang K, Zhang J H, et al. Design of Ultrawideband Energy-selective Surface for High-power Microwave Protection[J]. IEEE Antennas and Wireless Propagation Letters, 2019, 18(4): 669-673.

[29] Zhang J H, Lin M T, Wu Z F, et al. Energy Selective Surface with Power-dependent Transmission Coefficient for High-power Microwave Protection in Waveguide[J]. IEEE Transactions on Antennas and Propagation, 2019, 67(4): 2494-2502.

第 2 章　电磁防护基础理论与典型方法

从实际工程应用的角度来讲，电磁防护的通用设计思想（广义上的"电磁滤波"）是滤除除工作信号之外的一切无关电磁信号，保证只有所需的工作信号能够进入电子信息设备内部。本章首先从电磁波的传播耦合特征、时频特征等角度出发，简要介绍现有的几种典型的电磁防护方法及其分类，然后分析不同电磁防护方法的实现原理及适用场合。希望通过本章的介绍，能够帮助读者整体了解电磁防护的设计方法和思想，从而建立起关于电磁防护的系统性知识架构。

2.1　电磁防护的基本原理

从功能或者目的的角度来讲，电磁防护的最终目的就是阻止"不相关"的电磁信号进入电子信息设备内部，以防止电磁干扰信号影响设备的正常工作或强电磁攻击对设备中的敏感电子元器件造成损伤。从实现手段上来讲，电磁防护的主要实现方式就是对电磁干扰信号或电磁攻击信号进行滤波或吸波，在筛选并"放行"有用电磁信号的同时阻断无用电磁信号的传输过程。因此，电磁防护本质上可以看作一种广义上的"电磁滤波"。

根据电磁耦合三要素的定义和特征，实现电磁防护最常用的手段就是阻断电磁信号的传输耦合途径。从电磁波进入电子信息设备的耦合途径角度出发，常见的电磁防护方法可分为前门防护方法和后门防护方法两类；从"电磁滤波"的信号特征维度出发，常见的电磁防护方法又可分为空域防护方法、频域防护方法、时域防护方法、能域防护方法 4 类。下面进一步介绍上述防护方法的分类准则及实现思想。

2.1.1　按电磁波的耦合途径分类

电磁攻击对电子信息设备的作用是一个复杂的物理过程，是电磁辐射耦合和传导耦合的交织作用。如图 2-1 所示，强电磁攻击进入电子信息设备内部主要有

"前门"和"后门"两种耦合途径。其中，"前门"耦合途径是指电子信息设备对外开放的信号通道，如射频信号通道、光电探测窗口等；"后门"耦合途径则是指电子信息设备的非信号通道，如通风孔、机壳的孔缝等。另外，由于电磁波对介质的穿透性，对于一些非金属外壳的设备，其机壳、线缆等也是电磁波的"后门"耦合途径。

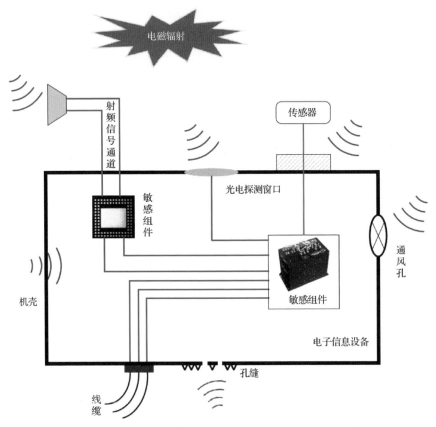

图 2-1　强电磁攻击进入电子信息设备的耦合途径示意图

强电磁攻击通过"前门""后门"等通道耦合进入电子信息设备内部后，视能量强度的大小，可对电子信息设备的工作状态造成干扰或降级，严重情况下甚至可能会对内部的敏感电子元器件造成物理损伤或损毁。因此，为确保电子信息设备在强电磁攻击下的生存和工作，必须对其进行全面的防护加固。根据电磁辐射的耦合途径，常见的防护方法大体上可以分为前门防护方法和后门防护方法两类。

1. 前门防护方法

前门防护方法广义上是指从电子信息设备信号通道的角度进行"电磁滤波"

的防护方法。根据电子信息设备信号通道的特征，前门防护的核心难点在于如何在不影响设备收发工作电磁信号的前提下，实现对强电磁攻击的防护。目前，典型的前门防护方法包括限幅、频域滤波、环形器等。这些防护方法本质上都是先将强电磁攻击与工作电磁信号进行分离，然后进行区分处理。

2. 后门防护方法

后门防护方法广义上是指从电子信息设备非信号通道的角度进行"电磁滤波"的防护方法。与前门防护相比，后门防护因为不用考虑工作电磁信号的收发过程，故其防护设计相对简单，不用考虑不同电磁信号的区分，可直接通过屏蔽、吸波、接地等手段隔绝一切电磁波进入电子信息设备。

受益于以往电磁兼容性与抗干扰等领域技术的快速发展，现有电子信息设备的后门防护措施一般比较完善，技术手段也相对成熟。相较而言，电子信息设备的前门防护一直是电磁防护领域的重点和难点。一方面，对于电子信息设备而言，信号通道一般都是普遍存在的。当强电磁攻击到达电子信息设备附近时，强电磁能量可直接通过设备的接收天线几乎无损地进入射频通道，首先会破坏限幅器、开关和滤波器等射频保护电路模块，然后会进一步造成低噪声放大器、移相器、混频器和其他敏感电子模块的高电压击穿、热累积毁伤或热应力破坏等灾难性后果，严重削弱甚至造成电子信息设备的工作能力完全瘫痪。另一方面，对于电子信息设备的信号通道，既要实现针对工作电磁信号的正常收发，又要实现针对强电磁攻击信号的自适应防护，如何实现两者的"功能兼容"是防护设计的核心难点，相关技术积累目前还较薄弱。

2.1.2　按电磁波的特征维度分类

根据前文的介绍，电磁防护通用设计思想的核心就是实现强电磁攻击信号与工作电磁信号的分离与滤波。为了实现这一目的，首先需要找到强电磁攻击信号与工作电磁信号的特征差异性。因此，从电磁信号的不同特征维度出发，常见的电磁防护方法可以分为空域防护、频域防护、时域防护、能域防护 4 类。

1. 空域防护

空域防护主要通过空间分离、空间隔离等措施来降低被防护对象周边的电磁环境强度，从而降低电子信息设备受强电磁攻击的风险。其中，空间分离通常是指使攻击电磁波的方向与电子信息设备接收电磁波的方向分离，比如调节接收天线的主瓣方向使其与干扰来波方向不重合等，该方法通常可用于电子信息设备的前门防护。当空间分离解决不了问题的时候，就需要采取空间隔离的措施。空间隔离一般是指采用屏蔽措施，将电子信息设备在空间上与电磁辐射环境隔离，减少电磁场对电子信息设备的耦合影响，典型的方式就是加金属屏蔽层，该方法通常用于电子信息设备的后门防护。

2. 频域防护

频域防护的主要思想是减少强电磁攻击的频谱与被防护对象工作频谱的交集，从而有针对性地滤除工作频段外的电磁信号，典型的防护手段包括频域滤波器、频率选择表面等。理论上来说，无论是空间辐射的电磁场还是传导的电压、电流，都可以通过频域滤波的方法来抑制，其基本原理就是利用防护器件的"频率选择"特性接收需要的频率成分，并剔除其他频率成分。一般来说，频域防护方法既可用于电子信息设备的前门防护，也可用于设备的后门防护。但是，该方法一般仅能够对电子信息设备工作频段以外的电磁干扰或电磁攻击起防护效果，而对与设备工作信号同频的电磁干扰或电磁攻击，则无能为力。

3. 时域防护

时域防护是指通过时间规避的手段来降低被防护对象接收的电磁能量。通俗地说，就是在强电磁攻击到达之前，主动关闭电子信息设备的信号接收通道，降低强电磁攻击进入设备内部的概率，该方法一般仅适用于电子信息设备的前门防护。在实现方式上，时域防护主要有两种思路：主动时间回避法和被动时间回避法。当有一定的先验信息，能够确定强电磁攻击出现的时间时，通常采用主动时间回避法，即在电磁攻击达到之前，主动关闭电子信息设备的信号通道，从而隔绝攻击信号进入设备内部。显然，这种方法的局限性较大，一般不具有实用性。被动时间回避法一般是在接收通路中增加信号延时线，根据耦合进入通道的电磁信号强度对接收机的通道开关进行控制。当强电磁攻击的前期征兆出现时，利用高速电子开关迅速关闭信号接收通道，即可防止强电磁能量进入电子信息设备内部。需要指出的是，这种方法由于响应时间的关系，一般会存在一定的能量泄漏，特别是对于脉冲形式的瞬态强电磁攻击，防护效果十分有限，故实际工程中也很少采用。另外，延时线的引入也会不可避免地给工作信号带来更大的插入损耗。

4. 能域防护

能域防护的核心思想是通过能量限幅、分流等手段，将超过安全阈值的强电磁能量进行反射或者吸收，从而降低进入电子信息设备内部的电磁能量强度，防止设备中的敏感电子元器件被大功率的电磁能量损伤。该方法主要应用于电子信息设备的前门防护。根据实现方案的不同，常见的能域防护手段包括限幅、浪涌抑制、旁路分流及能量选择防护等。其中，限幅、浪涌抑制、旁路分流等手段的核心思路都是在电路层面对进入电子信息设备的强电磁能量进行衰减，故处在这些防护装置之前的射频器件，如天线、收发开关、场路转换器件等，仍面临被强电磁攻击损坏的风险。相较而言，能量选择防护技术是近些年兴起的一种新型能域防护技术，该技术的核心思想是"能域滤波"，即对能量强度低于安全阈值的电磁波，允许其低损耗通过；对能量强度高于安全阈值的电磁波进行反射，阻断其传输过程。依据该技术设计而成的能选防护罩可以加装于电子信息设备接收天线的前端，直接对超出安全阈值的强电磁攻击进行反射，从而防止强电磁攻击进入电子信息设备内部。

图 2-2 展示了频域防护、时域防护和能域防护的原理及相互之间的关系。需要注意的是，不同防护手段的核心要义都是从不同的电磁特征维度对电磁攻击信号和工作电磁信号进行分离，从而为后续的广义"电磁滤波"提供支撑，这也是所有电磁防护设计的一个通用思想。

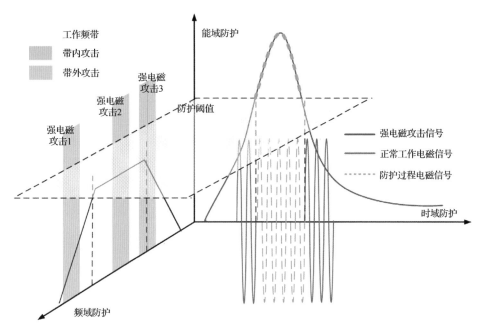

图 2-2 频域防护、时域防护和能域防护的原理及相互之间的关系[1]

2.2 典型电磁防护方法简介

本书第 2.1 节对电磁防护的通用设计思想进行了概括，并从电磁波的耦合途径和特征维度两个角度对当前常见的电磁防护方法进行了简单的分类。本节从电磁波特征维度的分类角度出发,介绍当前技术成熟度比较高的一些典型电磁防护方法,说明每一种方法的技术实现方案和典型应用。

如第 2.1.2 小节所述,常见的电磁防护方法可分为空域防护、频域防护、时域防护、能域防护 4 类。其中,时域防护方法由于技术体制问题,在实际的工程应用中较少采用,故本节主要围绕其余 3 类防护方法展开介绍。

2.2.1 典型空域防护方法

空域防护的核心思想是从空间的维度阻断电磁波进入目标设备的传播耦合途径,当前比较成熟的手段包括屏蔽、自适应空间滤波等。这些方法主要从现有的电磁兼容手段发展而来,同样可应用于电磁防护领域。然而需要注意的是,将这些方法应用于电磁防护领域,特别是强电磁防护领域时,虽然在工作原理上与传统的电磁兼容应用场合相同,但其所需要达到的性能指标(如功率耐受阈值、防护效能等)要远远高于前者,故其对于材料的结构、媒质的参数等方面有更高的要求,需要根据具体的应用场景进行合理的选择和设计。

1. 屏蔽

屏蔽是一种非常常用的空域防护方法,其核心思想是利用屏蔽体阻挡电磁波的传输过程,将电磁攻击信号隔绝在电子信息设备之外,从而实现对设备的电磁防护。通常,屏蔽可以分为电屏蔽、磁屏蔽、电磁屏蔽 3 种基本类型[2]。针对高功率微波以及强电磁脉冲的屏蔽通常是电磁屏蔽。电磁屏蔽的理论基础主要包含两个方面:一个是电磁波在金属导体表面会表现出反射特性;另一个是电磁波在良导体中传播的过程中,幅度会急剧衰减。因此,金属是实现电磁屏蔽的主要材料,可有效阻断时变电磁场的空间传播过程。电磁屏蔽作为一种典型的空域防护方法,是抑制强电磁攻击通过"后门"耦合途径进入电子信息设备内部最主要的手段之一。

屏蔽体屏蔽电磁波的原理主要有吸收和反射两类。屏蔽体对电磁波的屏蔽效果可以用防护效能来衡量,其定义为:在某一点上安放屏蔽体前后的场强或磁场强度的比值。防护效能由反射损耗和吸收损耗两部分组成。实际屏蔽体的防护效能取决于很多参数,如频率、电磁场的极化方向等。理论上来说,采用完全封闭的金属屏蔽体能够对外界的电磁波进行理想的隔离。然而实际工程中,考虑到金属材料的非理想性,要达到很高的防护效能并不容易。对于一个实用的电子信息设备而言,由于线缆连接、通风等方面的性能需求,机壳一般不是一个完全的封闭体,往往会存在很多孔缝,这就容易造成高功率微波及强电磁脉冲的泄漏，从而导致内部敏感元器件被强电磁攻击损坏。常见的泄漏部位包括：设备机壳上的通风孔、不同部分结合处的孔缝、设备的按键与旋钮、线缆等贯穿导体等，它们都属于电子信息设备的"后门"耦合途径。由于电磁波的绕射、衍射等传播特征，"后门"耦合途径的存在会降低整个屏蔽体的防护效能，也为电磁防护埋下了隐患。下面对这些典型的"后门"耦合途径的防护处理方式进行简单介绍。

（1）通风孔

大部分屏蔽外壳或热密度较大的电子信息设备的机壳，通常需要空气自然对流或强迫风冷，故一般需在外壳上开通风孔，这会损害屏蔽结构的完整性。常用的防护处理方式是在通风孔处安装电磁防护罩。金属丝网是一种常用的电磁防护罩，其主要结构就是一块包含若干小孔的金属丝网，如图 2-3 所示。它可提供相当大的射频衰减但又不会显著妨碍空气的流动。在通风孔上加装金属丝网，结构简单，便于和屏蔽体安装在同一平面，成本低，适用于屏蔽要求不太高的场合。

图 2-3　机箱上的金属丝网

金属丝网主要通过反射损耗对外界电磁波进行屏蔽。实验结果表明，当金属丝网的孔隙率大于 50%，并按照需屏蔽的电磁波波长，每波长排列 60 根以上的金属网丝时，其反射损耗可以接近金属板。由于金属丝网的吸收损耗远小于金属板，故金属丝网的总体防护效能要低于金属板。通常来说，金属丝网的网孔越密、网丝越粗、网丝导电性越好，则整体的屏蔽性能越好，但与之相对的是，金属丝网的通风透气功能就会受到一定的影响。因此，实际的工程应用过程中，需综合考虑屏蔽和通风的具体指标，合理设计金属丝网的结构。

为了保证良好的通风效果，在对实际屏蔽体进行设计时，通常把很多根截止波导排列成一组截止波导通风孔阵列。单根截止波导的频率特性如图 2-4 所示。波导是金属管状结构，其功能与高通滤波器相似，即允许截止频率以上的电磁波通过，并阻止截止频率以下的电磁波。与普通的波导不同，截止波导主要利用的是其截止区的特性，使干扰或攻击电磁波频率落在波导的频率截止区内，从而起到对干扰或攻击电磁波的屏蔽作用。工程中，常采用的是蜂窝形截止波导通风孔阵列（简称蜂窝通风板），如图 2-5 所示，有时也可采用双层错位叠置的蜂窝通风板。实验表明，当通风孔的深宽比约为 4∶1 时，衰减能够达到 100.0 dB 左右。蜂窝通风板的优点是能够很好地兼顾防护效能与通风效果，结构牢固，缺点是成本较高、加工复杂，且由于其体积较大，与机壳在同平面安装有难度，一般用在对防护效能要求高的场合，如通风散热量大的屏蔽室等。

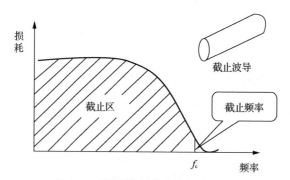

图 2-4　单根截止波导的频率特性

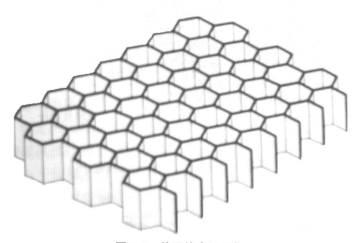

图 2-5　单层蜂窝通风板

（2）孔缝

不同部分之间结合处的孔缝是电子设备机壳上另一个重要的电磁波耦合途径，强电磁攻击能够利用孔缝的天线效应进入电子信息设备内部。当电磁波抵达电子信息设备的屏蔽机箱时，会在屏蔽机箱上感应出电流，屏蔽体上的孔缝周围会产生感应电压，并构成一个等效偶极子天线，其辐射特性与互补的偶极子天线相似。当孔缝的长度为半波长时，其辐射效率最高，即当攻击电磁波的波长为孔缝长度的 2 倍时，屏蔽体的屏蔽作用几乎完全消失，攻击电磁波能够全部透过。

实际工程中，常用孔缝的阻抗来衡量孔缝的防护效能。一般来说，孔缝的尺寸越大，那么可能造成的电磁泄漏也就越严重。工程中，可以采用以下手段解决孔缝电磁泄漏的问题：保持接触面清洁，减小接触电阻；在孔缝处使用电磁密封衬垫（见图 2-6）或涂敷导电涂料；使用尽量多的紧固螺钉进行搭接，提高不同结构之间的电连接性；加工时提高接合面的精度，保证接触面较好的平整度等。

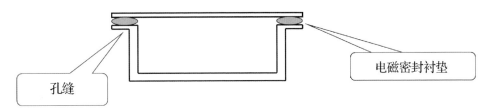

图 2-6　采用电磁密封衬垫降低孔缝的电磁泄漏

（3）按键与旋钮

电子信息设备的按键与旋钮通常采用硅橡胶,安装在电子信息设备的外表面,开口与孔缝较多，容易引起电磁泄漏。由于按键与旋钮属于人机交互部分，一般其尺寸需要符合用户的使用习惯，所以无法通过尽量减小尺寸来降低电磁泄漏。工程中，可以采用以下手段降低按键与旋钮的电磁泄漏：采用导电布分隔按键与按键印制电路板（Printed-Circuit Board，PCB），用导电胶把导电布粘接在壳体内，使导电布与金属面板具有良好的电接触，从而保证按键与按键 PCB 处的屏蔽效果；将按键、旋钮等容易泄漏的元件高度调整到面板之外，在面板外采用圆形截止波导结构，对电磁波进行衰减；设置隔离舱，将电子信息设备中的面板或主电路与设备外部的操作元件隔离，如图 2-7 所示。

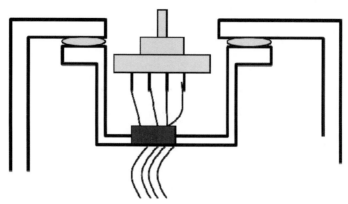

图 2-7　用隔离舱将操作元件与电路隔离

（4）线缆等贯穿导体

当电子信息设备中存在线缆等贯穿导体时，强电磁攻击有可能通过线缆耦合或者贯穿处的孔缝耦合进入电子信息设备内部。为了有效降低贯穿导体处的电磁泄漏，一般需要采用屏蔽线缆，即对电源线或者信号线进行屏蔽，将屏蔽体延伸到导体的端部。一种典型的屏蔽线缆结构如图 2-8 所示，通常的做法是在信号线或电源线的外部包裹一层金属屏蔽层。另外，为了防止贯穿处的孔缝泄漏，通常需要使电缆的屏蔽层与周围的金属壳体保持良好的电气连接，使之形成一个封闭的金属屏蔽结构，从而提升电子信息设备整体的电磁屏蔽性能。

图 2-8　一种典型的屏蔽线缆结构

2. 自适应波束零陷

自适应波束零陷是通过处理阵列中各阵元的电磁信号抵御电磁攻击，是一种典型的自适应空间滤波方法。该方法通过对各阵元的电磁信号进行幅相加权，可以实现对空间来波的空域滤波，能够同时达到增强期望信号、抑制外部电磁攻击的目的。在电磁防护领域，该方法能够通过自适应地调控各阵元的幅相加权因子，在电磁攻击或电磁干扰的来波方向形成"波束零陷"，使接收系统对电磁攻击信号或电磁干扰信号的接收效率达到最低，从而防止电磁攻击信号或电磁干扰信号对后端的信号处理系统造成损伤或影响，其工作原理如图 2-9 所示。图中，$x_1(t), x_2(t), \cdots, x_N(t)$ 表示输入信号，$w_1, w_2, \cdots, w_N$ 表示幅相调控因子，$y(t)$ 表示输出信号。

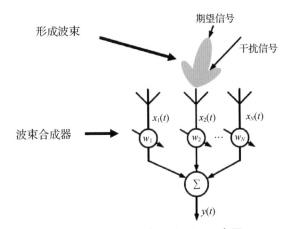

图 2-9　自适应波束零陷原理示意图

英国和瑞典在 20 世纪 80 年代就已安装了超高频波段的电磁干扰对消系统，主要用于雷达系统中的电磁干扰抑制。至 20 世纪 90 年代，电磁干扰对消系统的工作频段得到了拓展，达到了甚高频与高频波段，使该系统得以应用到通信系统中。美军的新一代电子对抗飞机 EA-18 G 上也采用了电磁干扰对消系统 INCANS，如图 2-10 所示。该系统主要是解决电子干扰吊舱在实施干扰过程中的自防护问题，以保证飞机在实施电子干扰的过程中平台上的电子信息设备不受影响，能够正常与己方的部队进行通信[3]。另外，美国海军装备的具有多功能电磁辐射系统的封闭式射频综合桅杆，同样采用了电磁干扰对消技术来解决舰船平台上各电子信息设备之间的电磁兼容问题。该系统对射频前端接收到的多路信号进行采样，并通过不同算法的幅相加权作用对各个接收通道的信号进行叠加，利用干扰对消技术实现了干扰抑制能力的提升[4]。然而，需要注意的是，自适应波束零陷虽然理论上可以用于对电磁攻击的防护，但是实际工程中仍存在诸多问题有待解决,如波束合成器本身如何应对强电磁攻击,如何获取电磁攻击信号的先验信息等。

INCANS
干扰对消系统

ALQ-99
高频干扰吊舱

图 2-10　EA-18 G 电子攻击机及其 INCANS 干扰对消系统

2.2.2　典型频域防护方法

频域滤波是电子信息设备抑制电磁攻击、防止电磁干扰的重要手段,是一种典型频域防护方法。理论上来说,电磁信号的时、空、频、能 4 个特征维度都可以进行"滤波"。在电子信息领域,通常意义上的滤波仅特指频域滤波,本小节介绍的滤波方法也仅特指频域滤波,下文不再专门说明。

顾名思义,滤波是指允许一定频率范围内的电磁信号通过,同时阻止其他频率的电磁信号通过。实际工程中,通常将电子信息设备的工作频段置于滤波"通带"内,而将电磁干扰信号或电磁攻击信号的频段置于滤波的"阻带"内。通过频域滤波,可以将绝大部分工作频段以外的电磁波隔绝在电子信息设备之外。在电磁防护领域,典型的频域滤波器件包括滤波器、频率选择表面等,下面分别予以介绍。

1.　滤波器

目前,滤波器已经是比较成熟的产品。根据频率特性的不同,常见的滤波器可分为 4 类:低通滤波器、高通滤波器、带通滤波器和带阻滤波器。根据应用特点的不同,滤波器又可分为信号选择滤波器和电磁干扰滤波器两大类。如果主要考虑对信号幅度、相位的影响最小,这类滤波器即为信号选择滤波器;如果主要考虑对电磁干扰的有效抑制,这类滤波器即为电磁干扰滤波器。

信号选择滤波器一般用在信号的射频通道以及信号处理线路上,所有需要接收电磁波信号的设备中基本上都有信号选择滤波器,其主要功能是将电子信息设备工作频段外的信号滤除，从而得到较大的信噪比（Signal to Noise Ratio，SNR），方便信息处理系统对接收到的信号进行后续处理。这种信号选择作用同样可以应用在对强电磁攻击的防护中，能够对工作频段外的电磁能量有很好的抑制作用，从而保护后端元器件的正常工作。电磁干扰滤波器通常用在电源线和控制线中，可以防止攻击电磁波通过这些线缆耦合进入电子信息设备。由于电源线上通过的电流频率较低，这类滤波器往往需要起低通作用，同时应能够承受工作需要的大电压与大电流，因此多采用低通结构。图 2-11 展示了一款电磁干扰滤波器实物。

图 2-11　一款电磁干扰滤波器实物

此外，按照工作原理的不同，常见滤波器还可以分为反射式和吸收式两类。其中，反射式滤波器通常由电感器、电容器等电抗元件组成，能对干扰电流建立起高的串联阻抗和低的并联阻抗，从而对电路中的干扰信号进行反射。因此，反射式滤波器主要是通过把非工作频率的电磁能量进行反射，实现对电磁干扰的抑制。而吸收式滤波器则是通过把非工作频率的电磁能量转化为热损耗，实现对电磁干扰的抑制。吸收式滤波器一般做成介质传输线的形式，介质通常选择损耗材料。其中，铁氧体材料是一种被广泛应用的损耗材料，能够吸收高频电磁能量并将其转化为热损耗，从而起到滤波作用。当前，市面上的铁氧体电磁抑制元件有各种各样的规格，如铁氧体磁环、铁氧体磁珠、多孔磁珠等，如图 2-12 所示。

图 2-12　铁氧体电磁抑制元件实物

2. 频率选择表面

频率选择表面是一种特殊的滤波器，其主要形式是周期性排列的金属阵列结构。它主要利用周期性结构的谐振特性实现频域滤波的效果[5]。一般情况下，频率选择表面可以按照其周期结构的特点分为贴片式与孔缝式两类基本结构，如图 2-13 所示。根据不同的结构特点，贴片式频率选择表面通常呈现带阻特性，可等效为一种微波带阻滤波器；而孔缝式频率选择表面通常呈现带通特性，可等效为一种微波带通滤波器。通过对这两类基本结构的复合设计，可以实现更复杂的低通、高通、带通、带阻等频率响应特性。

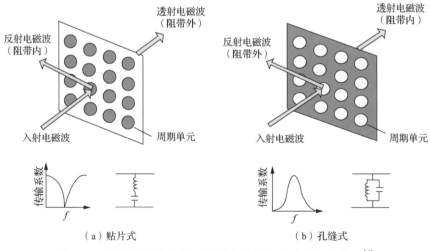

（a）贴片式　　　　　　　　　　（b）孔缝式

图 2-13　频率选择表面的两种基本结构及工作机理示意图[6]

频率选择表面最常见的应用方式是与天线罩进行复合，构成具有频率选择功能的天线罩，称为频率选择天线罩。当应用在雷达、通信、导航等电子信息设备的接收天线前端时，这种天线罩可以借助其频率选择特性对工作频段以外的电磁信号进行反射，而工作频段以内的电磁信号则可以几乎无损耗地穿过天线罩，被天线接收。在电磁防护领域，频率选择天线罩的这种频域滤波特性能够有效防护工作频段外的强电磁攻击。值得一提的是，频率选择天线罩是近些年非常流行的一项技术，部分成果已具备实用性。据称，美国 C-140 运输机，以及 F-22、F-35 等第四代战斗机的雷达天线罩均已采用了频率选择表面技术[6]。图 2-14 展示了频率选择天线罩在机载平台和舰载平台两种场景的典型应用。

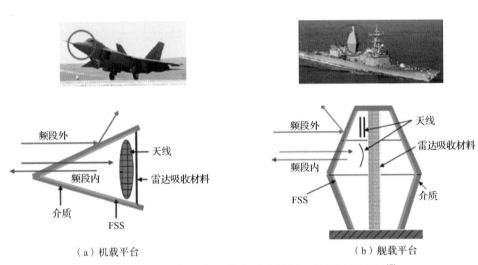

（a）机载平台　　　　　　　　（b）舰载平台

图 2-14　频率选择天线罩的典型应用及工作原理示意图[7]

2.2.3　典型能域防护方法

从实现的思路来说，能域防护本质上就是一种能量域的滤波，即从电磁能量的维度滤除高功率的电磁波，从而保护电子信息设备不被强电磁波损伤或损毁。从实现方式来说，比较典型的能域防护方法是通过能量限幅、分流等手段降低耦合进入电子信息设备内部的电磁能量强度，当前比较成熟的手段包括限幅器、浪涌抑制器等。

1.　限幅器

限幅器是一种典型的能域防护手段，被广泛应用在雷达等接收机的射频通道中，能够有效保护其后端的低噪声放大器、混频器等敏感性较强的电子元器件免受大功率电磁信号的损坏。限幅器利用了器件对于微波信号的非线性传输特性，其工作原理是：当输入信号的功率电平低于限幅阈值电平时，电磁信号可以低损耗地通过传输线到达负载；当输入信号的功率电平高于限幅阈值电平时，限幅器中的半导体开关器件会导通，导致电路失配，使得大部分输入信号无法通过，从而实现限幅作用。

限幅器的主要性能指标有限幅电平、耐受功率、插入损耗、泄漏功率和响应时间等。其中，限幅电平是器件起限幅作用的门限，当信号低于该门限时，则低损耗通过；当信号超过该门限时，则产生较大衰减，使输出的信号功率被抑制在门限值附近。耐受功率是指器件在不被损坏降级的条件下所能够承受的最大输入电磁功率。插入损耗是指工作信号正常通过时器件对其造成的衰减。泄漏功率包含尖峰泄漏与平坦泄漏两部分。在大功率信号输入时，限幅器的抑制作用不是在瞬间完成的，而是会产生一定的响应时间，限幅器在此期间的输出会存在尖峰泄漏现象。当尖峰泄漏后，限幅器的输出功率将趋于平坦，此时的输出称为平坦泄漏，如图 2-15 所示。尖峰泄漏时间也可称为响应时间，其通常的定义为脉冲开始作用至限幅器稳定输出的时间，尖峰功率过高及响应时间过长可能会导致大量的能量被泄漏到下一级电路，在限幅器自身未损坏的情况下同样有可能对电路造成威胁。因此，限幅器设计必须注意减小尖峰泄漏的功率以及尽量缩短响应时间。

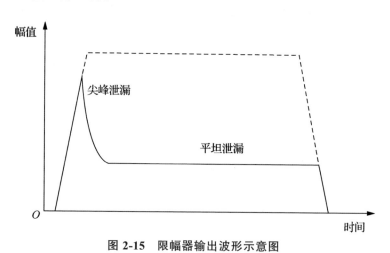

图 2-15　限幅器输出波形示意图

PIN 二极管是限幅器中常用的开关器件。当高功率微波信号输入时，在信号的正半周期内，载流子注入半导体器件的本征层（Intrinsic 层，简称 I 层）；而在负半周期内，载流子从 I 层迁出。一般而言，载流子的注入速率会大于迁出速率，故在这个过程中 I 层会积累一定的电荷，形成直流电流。限幅器常用的电路拓扑结构主要有两种：一种是利用扼流线圈，另一种是利用对置二极管互相提供回流支路。图 2-16（a）所示的电路，是使用高频扼流圈为二极管提供直流通路，同时对射频信号相当于开路，降低插入损耗。图 2-16（b）中，两个二极管采用"背靠背"的方式，在每半个信号周期内，互为对方的直流回路。实际限幅器可以通过上述基本结构的级联来实现宽频段特性。图 2-17 所示的电路结构通过级间匹配设计，既可以拓展带宽，又可以提高耐受功率。

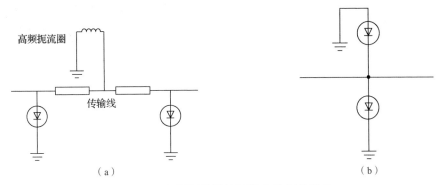

图 2-16　限幅器常用的两种电路拓扑结构

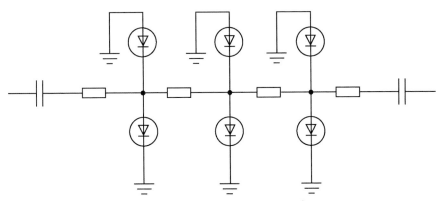

图 2-17　基本结构级联限幅器示意图

为了实现对强电磁攻击的有效防护，必须提升限幅器的耐受功率，缩短其响应时间。常用的微波开关器件 PIN 二极管的耐受功率大，但响应速度偏慢，而肖特基二极管的响应速度快、导通门限低，但耐受功率小。此外，不同衬底的器件也各有优势和不足。为了兼顾高速和大功率的需求，在限幅器设计中往往可以采用不同介质以及不同形式的二极管混合级联的方式，保证响应时间与耐受功率，同时使用二极管的管芯进行宽带和多级的设计，以扩展工作频率带宽、减小插入损耗。图 2-18 展示了一种由中国电科第十三研究所和国防科技大学联合研制的大功率多级混合限幅电路。

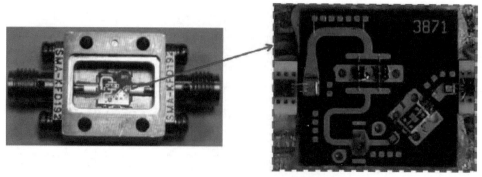

图 2-18　一种大功率多级混合限幅电路

2. 浪涌抑制器

浪涌抑制技术是典型的能域防护手段之一，目前被广泛应用于防雷、防静电、防瞬态电磁脉冲等领域。该技术能够很好地抑制瞬态大功率电磁脉冲，适用于电子信息设备的"前门"和"后门"防护。常见的浪涌抑制器件包括 TVS 二极管、气体放电管、压敏电阻器等[8]。

TVS 二极管的主要功能是抑制电路中瞬间出现的强电磁信号，它的两极接收到反向瞬态高能量冲击时，器件两端之间的阻抗能够在纳秒级的时间内实现由高到低的转变，从而将高能量强度的浪涌电磁信号吸收，将器件两端之间的电压钳位于一个预定值，有效保护电路中的敏感元器件免受各种瞬态脉冲的破坏或干扰。TVS 二极管的工作特点是响应快、漏电流小、击穿电压偏差小；缺点是峰值耐受电流较小。

气体放电管内一般充有一定浓度的惰性气体，当浪涌电压出现时，管内的气体会迅速被电离，使得器件由开路变为短路，从而将气体放电管两端的电压降到一个很低的电位上，转移大部分的浪涌能量，保护放电管后端的敏感元器件免遭浪涌电压的破坏或干扰。它的特点是承受电流大、寄生电容小；缺点是响应时间长、起弧电压高，仅适用于电源线的一级防护，通常还需要其他浪涌吸收器件的配合。

压敏电阻器是电压敏感型器件，当加在压敏电阻器两端的电压低于额定电压时，其电阻值可以近似为无穷大，而当电压超过额定电压后，两端的电阻值显著降低，其响应时间通常在百纳秒至微秒量级。压敏电阻器同样利用钳位方式来实现对浪涌的抑制，浪涌能量被电路阻抗和压敏电阻器吸收后转换为热量。压敏电阻器的特点是峰值电流承受能力强，最大可达 10 kA，当前最快响应时间已经可以做到与 TVS 二极管相当；缺点是寄生电容较大，残压比（最大钳位电压与工作电压之比）大，随着承受浪涌的次数变多有可能出现漏电的情况。图 2-19 展示了一款由德国欧宝（OPEL）公司研制的基于压敏电阻器的防雷器件。

图 2-19　一款由德国欧宝公司研制的基于压敏电阻器的防雷器件

最后，需要注意的是，当前常见的浪涌抑制器主要工作在低频段，对于低频的强电磁攻击具有较好的防护效果，但是一般难以防护高频的强电磁攻击。

2.2.4　典型电磁防护方法特性总结

前文介绍的几种典型电磁防护方法，在"电路防护"层面，主要采取的是限幅器、滤波器及浪涌抑制器等。这类防护器件通常安装在电子信息设备的接收通道前端，用于保护内部电路（尤其是敏感电子元器件）不被大功率的电磁信号损坏。但是，这类防护器件主要工作在天线后级的接收通道或设备"后门"耦合通道的线缆中，无法阻隔空间中的强电磁攻击从天线端口耦合进入射频通道内。这种情况下，电磁攻击信号经过天线（尤其是一些高增益天线）的增益放大后，其电磁能量将被进一步放大，极端情况下可能超出后端防护器件的耐受阈值，从而损坏天线后级的收发开关、环形器或射频保护器件等，进而进入设备的收发通道，对其中的敏感电子元器件造成损伤。在"空间场防护"层面，基于频率选择技术设计而成的天线罩具有一定的强电磁防护能力，它通过频域滤波的作用，可以有效地消除带外的电磁干扰和强电磁攻击。但是，如果强电磁攻击有较大部分的频率分量落在频率选择表面的工作频段内，攻击电磁波就会顺利地通过天线罩，然后通过接收天线进入电子信息设备内部，造成敏感元器件的损坏。另外，屏蔽作为电磁攻击常用的防护手段之一，在有效屏蔽强电磁攻击的同时却阻断了被保护电子信息设备收发工作电磁信号的过程，故一般只能用作电子信息设备的"后门"防护，不能用于"前门"防护。综上所述，现有的一些典型电磁防护手段均不能满足在阻隔强电磁攻击的同时允许正常工作信号通过的防护需求，无法针对性地对电子信息设备的射频前端实施防护。为此，第 3 章将介绍一种基于能量选择机理的新型自适应电磁防护技术，这也是本书的重点。

参考文献

[1] 张继宏．射频前端能量选择电磁防护结构与器件设计研究[D]．长沙：国防科技大学，2022．

[2] 刘培国，侯冬云．电磁兼容基础[M]．北京：电子工业出版社，2012．

[3] 郑润东．复杂平台上辐射干扰的有源对消技术研究[D]．长沙：国防科技大学，2016．

[4] 陈昊，辛国平．国外舰船天线综合桅杆发展[J]．现代通信技术，2015(1)：54-60．

[5] Munk B A．频率选择表面理论与设计[M]．1 版．侯新宇，译．北京：科学出版社，2009．

[6] 杨小盼．双频频率选择表面天线罩设计[D]．西安：西安电子科技大学，2019．

[7] 鲁戈舞，张剑，杨洁颖，等．频率选择表面天线罩研究现状与发展趋势[J]．物理学报，2013，60(19)：9-18．

[8] 惠晓强，赵刚，杨宁．机载计算机雷电防护研究[J]．航空计算技术，2011，41(1)：115-119．

第 3 章　能量选择自适应防护技术—— 理论与设计

本书第 2 章根据电磁波进入电子信息设备的不同耦合方式,将常见的电磁防护手段分为前门防护和后门防护两大类。对于后门防护,主要方法包括屏蔽、滤波、接地等,难度相对较低,相关技术手段也已经比较成熟。相较而言,前门防护一直是电子信息设备电磁防护的重点和难点,因为其不仅要防止强电磁攻击信号进入电子信息设备内部,还要兼顾正常工作信号的收发,如何实现两者的"功能兼容"一直是防护设计的核心难点。针对这一问题,本书从电磁波的能域特征维度出发,提出了能量选择自适应防护的技术思想,适用于电子信息设备的前门强电磁防护。本书后续章节将围绕这一技术,从基础理论、分析设计、仿真测试、典型应用等层次分别展开介绍。本章主要介绍能量选择自适应防护的基本原理、设计方法、仿真分析方法等基础理论方面的相关内容。

3.1　能量选择自适应防护技术的基本原理

本节从能量选择自适应防护技术的基本原理讲起,详细阐述这一技术的设计思想、能量选择的基本机制及评估指标体系等。

3.1.1　能量选择自适应防护技术的设计思想

强电磁威胁环境下,对于电子信息设备射频前端的电磁防护而言,为了在不影响设备正常工作的条件下实现对强电磁攻击的防护,理想的防护手段应该能够正确区分工作信号和攻击信号,并有针对性地进行差异化处理。从幅度、频率、相位、极化等电磁波的基本特征要素出发,不难发现,工作信号和攻击信号的本质差异应该体现在两者的信号幅度或能量强度上。一般而言,强电磁攻击想要达到良好的攻击效果,攻击信号的能量强度要远大于电子信息设备正常工作信号的能量强度。因此,对于电子信息设备的前门防护,为了实现屏蔽电磁攻击信号的同时不影响设备工作信号的收发，可以考虑从能域的角度设计一种自适应防护装置：当低能量强度的工作电磁波来临时，防护装置能够允许其无衰减地通过；当高功率的攻击电磁波来临时，防护装置能够对其实施反射或者吸收，防止其进入电子信息设备内部；当外界强电磁攻击停止时，防护装置又能够恢复到正常状态，允许工作电磁波无衰减地通过，两种不同工作状态的切换可由空间电磁场的场强大小来自主调控，这就是"能量选择自适应防护机制"的基本思想。

能量选择自适应防护机制的核心是对强电磁波进行能量滤波或幅度滤波，使其衰减到一定的安全量级以下，从而保障电磁空间和电子信息设备的电磁安全。能量选择自适应防护技术是根据能量选择自适应防护机制，在无须任何反馈信号或人为控制的条件下，对空间电磁波进行能量调控，实现快速自适应防护的一种技术手段，其工作原理如图 3-1 所示。

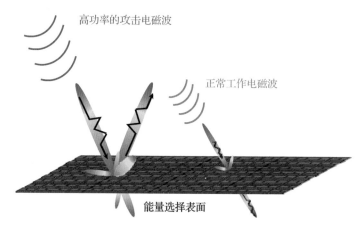

图 3-1　能量选择自适应防护技术的工作原理示意图

为了实现上述设想，依据能量选择自适应防护机制设计而成的防护装置（简称能选防护装置）需要具备两种核心能力，即自主感应空间辐照场强的能力和自主改变自身工作状态的能力。

根据电磁波的传播理论，实现上述两种能力的核心是电磁场致阻抗调控效应。具体而言，能选防护装置在工作时，若检测到空间辐照场强超过设定阈值，会自主控制自身工作状态由透波切换为防护，阻止外界电磁波进入被防护设备；若检测到空间辐照场强低于设定阈值，又能够控制自身工作状态从防护切换为透波，以便被防护设备进行正常的信号收发。实际上，能选防护装置的"透波"与"防护"两种工作状态，本质上可以看作对电磁波表现出透射与反射两种状态。而由微波传输线理论可知，某一媒质或结构对电磁波的透射和反射特性是由媒质或结构自身的阻抗特性决定的。因此，能选防护装置为实现对强电磁攻击的自适应防护，核心是其自身的波阻抗需具备场致自适应变换的能力，具体而言就是：强场时，与空间波阻抗失配，对电磁波进行反射；低场时，与空间波阻抗匹配，允许电磁波低损耗地透射。这两种状态的变换无须人为干预，可根据空间辐照场强自适应地变换。

综合上面的分析，能选防护装置的概念图如图 3-2 所示，整个装置是一种互易结构，对于电磁波的入射方向没有特殊限制。能选防护装置具备以下 3 种核心功能层。

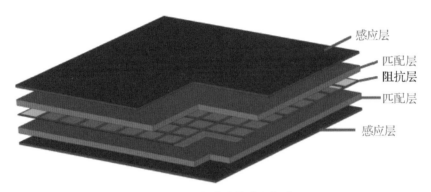

感应层

匹配层

阻抗层

匹配层

感应层

图 3-2　能选防护装置概念图

1．感应层

感应层是场强敏感层，主要作用是感应空间辐照场强，触发能选防护装置自身波阻抗的自适应切换。

2．阻抗层

阻抗层是能选防护装置的核心，主要作用是根据感应层提供的信号，对自身波阻抗进行自主调节，以达到波阻抗受控可变的目的。

3．匹配层

匹配层是依据自适应阻抗变换方案设计的一个辅助层，主要作用是对能选防护装置和空间波阻抗进行阻抗匹配，以保证低能量强度信号通过能选防护装置时损耗较小。

与常规的电磁防护手段相比，能量选择自适应防护技术的最大优势就是可以从能域的角度实现强电磁攻击防护与工作信号收发的"功能兼容"。尤其是对于带内的强电磁攻击，这种方法的防护效果尤为明显，是一种较理想的电子信息设备射频前端前门防护方法。当然，不可否认的是，任何一种方法都有其局限性。能量选择自适应防护技术的对象仅是强电磁攻击，对于一些常规的电磁欺骗干扰或者功率不太大的压制干扰，这种防护手段就显得无能为力。因此，实际的工程应用中，对某一电子信息设备进行电磁防护是一项系统性的工程，可以考虑结合使用多种防护手段，形成系统级的防护解决方案。本书的重点是能量选择自适应防护技术，对于其余的防护手段，感兴趣的读者可以自行参阅相关的专业书籍。

3.1.2 能量选择的基本机制

从能量选择自适应防护方法的工作特点来看，该方法本质上可以看作一种能域的滤波。因此，它在某种程度上与频域滤波相似，同样可以划分成 4 种基本机制[1]：能量低通、能量高通、能量带通和能量带阻。这 4 种能量选择基本机制的电磁传输特性如图 3-3 所示。

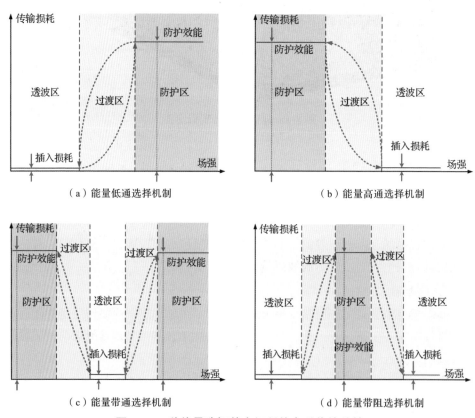

（a）能量低通选择机制　　　　　（b）能量高通选择机制

（c）能量带通选择机制　　　　　（d）能量带阻选择机制

图 3-3　4 种能量选择基本机制的电磁传输特性

不难判断，电子信息设备的前门强电磁防护主要对应的就是图 3-3（a）所示的能量低通选择机制。其中，低能量强度的工作电磁信号是其"通带"，传输损耗很小；高能量强度的攻击电磁信号是其"阻带"，传输损耗很大。根据能量低通选择机制的传输特性，能选防护装置的工作状态通常可以分为 3 个阶段，对应以下 3 个区域。

1．透波区

当外部辐照电磁波的强度低于能选防护装置的响应阈值时，能选防护装置处于透波状态，对电磁波的插入损耗很小。此时，被防护的电子信息设备可以几乎无损耗地收发强度低于响应阈值的电磁信号。在透波区，电子信息设备一般处于正常工作的状态。

2．过渡区

当外部辐照电磁波的能量强度逐渐增加至能选防护装置的响应阈值时，此能量强度下的电磁波就可能对被防护的设备产生威胁。此时，能选防护装置处于过渡状态，会逐渐增加对电磁波的衰减强度，以将透过电磁波的能量强度控制在一个安全范围内，实现对后端电子信息设备的防护。一般而言，能选防护装置在这一阶段的传输衰减是一个动态变化的过程，与照射波的强度呈正相关关系，照射波的强度越大，能选防护装置的传输衰减越大，反之亦然。

3．防护区

当外部辐照电磁波的强度继续增强至能选防护装置的阈值上限或饱和阈值时，能选防护装置的防护效能将达到最大，处于防护状态，对辐照电磁波的传输损耗达到设计的最大值且维持稳定。此后，能选防护装置的输出能量强度将随着辐照电磁波强度的增加继续呈现线性增加的趋势，此时的能选防护装置可以看作一个防护效能或隔离度为固定值的衰减器。

对于能量低通选择机制而言，能选防护装置的工作状态是可以在上述 3 个区域间切换的。正常情况下，能选防护装置处于透波区；当强电磁攻击来临时，随着空间电磁场强度的逐渐增加，能选防护装置的工作状态会逐渐向过渡区和防护区切换；当强电磁攻击结束时，随着空间电磁场强度的逐渐减小，能选防护装置的工作状态又会逐渐向过渡区和透波区切换。最后，需要特别注意的是，图 3-3（a）中展示的两条过渡区传输损耗曲线：正向变化过程（从透波区向防护区过渡）和反向变化过程（从防护区向透波区过渡）的轨迹并非相同，这主要是由能选防护装置在不同工作状态下的响应时间差异引起的。对于瞬态强电磁攻击而言，为了提升能选防护装置的响应速度、减少功率泄漏，从透波区向防护区的切换过程势必是一个非线性过程，能选防护装置要能够迅速达到极好的防护效果，才能够减小强电磁攻击的泄漏功率，更好地保护后端的电子信息设备。

相反地，当强电磁攻击结束，能选防护装置由防护区向透波区过渡时，一般要求防护效能缓慢降低。

对于能量高通、能量带通、能量带阻这 3 种能量选择机制，它们的工作特点和过程与能量低通类似，且由于这 3 种机制与强电磁防护的相关性不强，故本书不再赘述，感兴趣的读者可以结合图 3-3 自行了解。

3.1.3 能量选择自适应防护技术的评估指标

能量选择自适应防护技术作为一种典型的前门防护手段，其对强电磁攻击信号的防护能力和对正常工作信号的透波能力是描述其工作性能的两个核心指标。除此之外，由于能量选择自适应防护方法是一种场致自适应防护技术，能选防护装置对外部电磁场的响应特征（如响应时间、响应门限、最大耐受功率等）也是直观描述该防护方法工作性能的重要指标。本小节从能量选择自适应防护技术的功能特性出发，从能域、频域、时域 3 个角度建立面向这一技术的评估指标体系，并对每一项指标给出定性解释和定量定义，从而为能选防护装置的分析设计与性能评估提供支撑。

根据第 3.1.2 小节的描述，能选防护装置主要工作在透波状态和防护状态。在透波状态下，主要考虑能选防护装置对低能量强度电磁信号的衰减特性，一般用插入损耗、透波带宽等指标来表征；在防护状态下，重点考虑能选防护装置对强电磁攻击信号的衰减能力，一般用防护效能、防护带宽等指标来表征。透波状态和防护状态之间的切换会影响防护的及时性，一般由响应时间和恢复时间这两个指标来表征。另外，作为一种自适应防护装置，能选防护装置不同工作状态之间的切换控制条件，一般由响应门限（自适应启动阈值）、饱和门限（饱和阈值）和最大耐受功率（耐受阈值）等指标来表征。综上所述，能量选择自适应防护技术的评估指标体系如图 3-4 所示。

1. 能域指标

作为一种能域防护方法，能量选择自适应防护技术的能域指标是衡量这一技术工作特性的核心指标，主要包括插入损耗、防护效能、自适应启动阈值、饱和阈值和耐受阈值等。下面分别介绍这些指标的定义和内涵。

（1）插入损耗

插入损耗主要用于描述电子信息设备某处由于引入了额外器件而带来的功率损耗，定义为小信号注入条件下单位时间内输入能量与输出能量的比值。对于某一具体的能选防护装置而言，插入损耗主要用于表征低能量强度的电磁信号通过能选防护装置时所引起的能量损耗，通常为百分数或者以 dB 为单位。

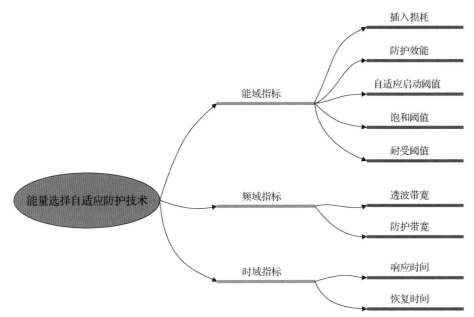

图 3-4　能量选择自适应防护技术的评估指标体系

由于能选防护装置一般不会改变低能量强度电磁波的波形，故其插入损耗既可以用透射波和入射波的功率之比定义，也可由两者的场强之比定义，具体表达式为

$$IL = 10 \lg\left(\frac{P_{out}}{P_{in}}\right) = 20 \lg\left(\frac{E_{out}}{E_{in}}\right)$$　　　　　　（3-1）

其中，P_{out}、E_{out} 分别表示透射电磁波的功率和场强；P_{in}、E_{in} 分别表示入射电磁波的功率和场强。

能选防护装置作为一种典型的射频前端防护装置，是电子信息设备信号接收链路的重要组成部分，一旦其插入损耗过大，就会导致后级的放大器、检波器接收到的信号功率大幅下降，进而有可能出现信号功率低于检测门限，导致目标丢失的情况。另外，能选防护装置作为一种具备收发兼容特性的自适应防护装置，其对于低能量强度的工作信号最好能实现无损耗的透射，即插入损耗为 0。当然，这仅是理想情况，实际工程应用中一般根据射频链路性能裕量确定能选防护装置的插入损耗指标要求，以保证不影响电子信息设备的正常工作。

（2）防护效能

防护效能主要用于描述强电磁攻击下，能选防护装置对强电磁波的衰减能力，通常为百分数或以 dB 为单位。

从防护效能和插入损耗的定义不难发现，两者的物理含义类似，均是描述能选防护装置对电磁波的衰减能力，只不过防护效能针对的是大功率的电磁攻击信号，而插入损耗针对的是小功率的电磁工作信号。但是，对于强电磁防护应用场合而言，防护效能的计算公式要比插入损耗更复杂。考虑到强电磁攻击对于电子信息设备的毁伤效应可以分为高电压击穿和热累积毁伤两种，故防护效能的评估也需要结合这两种毁伤效应的特征分别进行定义。在工程实际应用中，一般采用峰值场强防护效能和能量防护效能这两个指标来描述能选防护装置对强电磁攻击的防护效果。

峰值场强防护效能主要用于评估能选防护装置对于强电磁场峰值电压击穿效应的防护能力，定义为入射电磁波和透射电磁波电场幅度峰值的比值，与电磁波的波形、频谱、脉宽、重频等参数没有直接关系。能量防护效能用于评估能选防护装置对焦耳热或电磁波加热等热累积毁伤效应的防护能力，定义为入射电磁波和透射电磁波的平均电磁能量比值，如图 3-5 所示。鉴于能量是场强或功率与时间的函数，故而能量防护效能与入射电磁波的波形、频谱、脉宽、重频等参数具有密切关系。热累积毁伤效应是强电磁攻击对电子信息设备最常见的一种毁伤方式：一方面，它可以使敏感电子元器件内部熔断；另一方面，它可能造成介质基板击穿变形。因此，能量防护效能是工程中较常用的一种评价指标。一般情况下，入射电磁波的波形不会因能选防护装置产生明显畸变，即透射电磁波和入射电磁波的波形基本保持一致，此时峰值场强防护效能和能量防护效能这两个指标可以等同，计算公式如式（3-1）所示。但是在一些特殊情况下，当入射电磁波的能量强度接近或超出能选防护装置的耐受阈值时，可能会使透射电磁波波形与入射电磁波相比产生较大畸变，此时峰值场强防护效能和能量防护效能这两个指标则不能等同，需要根据实测波形独立计算。

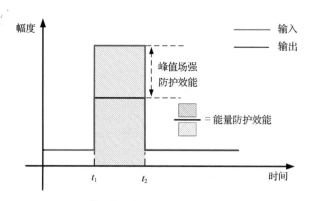

（a）输入输出波形相同时防护效能的定义

图 3-5　能选防护装置防护效能定义示意图

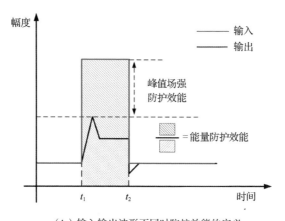

（b）输入输出波形不同时防护效能的定义

图 3-5 能选防护装置防护效能定义示意图（续）

另外，需要特别注意的是，上述两个防护效能指标，严格地讲，都是指能选防护装置的饱和防护效能（或称最大防护效能）。从第 3.1.2 小节介绍的低通能量选择机制可以看到，对于能选防护装置，考虑到材料和器件的非理想性，在透波状态和防护状态之间应该还存在一个过渡状态，即能选防护装置起到了一定的防护效能，但还没有达到最大的防护效能。此时，能选防护装置对电磁波的衰减能力并非一个固定的数值，随着空间入射电磁波的能量强度的增大，能选防护装置对电磁波的衰减也逐渐增大，如图 3-6 所示。因此，在防护效能指标的实际测试过程中，要避免将能选防护装置处于"过渡状态"时的衰减指标误认为其防护效能。

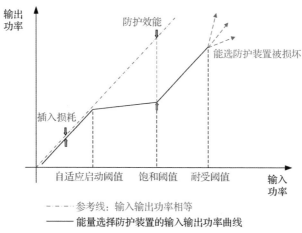

图 3-6 能选防护装置输入功率、输出功率的关系

（3）自适应启动阈值、饱和阈值与耐受阈值

自适应启动阈值主要用于描述能选防护装置起防护作用时所需要的最小输入功率密度或最小辐照场强，即外部场引起能选防护装置波阻抗非线性变化所需要的最小输入功率密度或最小辐照场强，单位通常是瓦每平方厘米（W/cm²）或伏每米（V/m）。饱和阈值则是用于描述能选防护装置达到饱和防护效能时，所需要的临界输入功率密度或辐照场强，其单位与自适应启动阈值的单位一致。类似地，耐受阈值一般用于描述能选防护装置在自身不被外部强电磁攻击物理损毁且能保持正常工作效能的前提下，所能承受的最大输入功率密度或最大辐照场强。

如图 3-6 所示，对于能选防护装置而言，理想情况下，输入功率达到自适应启动阈值之前，输出功率与输入功率呈线性关系，输出功率与输入功率的差值始终等于能选防护装置的插入损耗值；当输入功率达到及超过自适应启动阈值时，输出功率的增加速度将变缓，此时输入功率与输出功率的差值会随着输入功率增加逐渐变大；当输入功率超过饱和阈值时，输出功率又开始随着输入功率的增加线性增加，两者的差值始终维持在一个稳定数值，这就是能选防护装置的防护效能；当输入功率再次增大到超过能选防护装置的耐受阈值时，能选防护装置将被强电磁攻击损坏。

自适应启动阈值、饱和阈值及耐受阈值是衡量能选防护装置对于外部电磁能量响应特征的 3 个重要指标，其数值通常由能选防护装置的几何构型、材料特性及场控开关器件的能量响应特性等诸多因素决定。实际设计过程中，耐受阈值的设定通常是越大越好。相较而言，自适应启动阈值的设定则更加复杂，它是能选防护装置区分工作信号与强电磁攻击信号的重要标准，故需要根据不同的应用场合灵活设计，其基本准则是介于工作信号和强电磁攻击信号的能量强度之间。饱和阈值的设定通常是越接近自适应启动阈值越好，意味着能选防护装置在透波状态和防护状态之间的切换更加灵敏，同时也意味着更小的泄漏功率。

2. 频域指标

频域指标主要衡量的是能选防护装置对于电磁波的频域响应特征，具体包括透波带宽和防护带宽两个指标，表征透波状态和防护状态下能选防护装置的工作频率范围。

（1）透波带宽

透波状态下，能选防护装置对工作频段内电磁波的衰减一般较小，通常将满

足插入损耗设计值标准的频率上限和下限之间的范围定义为能选防护装置的透波带宽。在工程实际应用中，一般以插入损耗小于射频链路可允许的损耗指标所对应的频率范围作为能选防护装置的透波带宽。为了保证能选防护装置不影响被保护设备的工作性能，能选防护装置的透波带宽一般要包含且大于被保护设备的工作频段，从而确保不影响设备工作信号的正常收发。

（2）防护带宽

防护状态下，能选防护装置对电磁波的传输损耗会急剧增加，形成对入射电磁波的传输阻带，通常将满足防护效能设计值标准的频率上限和下限之间的范围定义为能选防护装置的防护带宽。在工程实际应用中，一般以防护效能大于射频链路所规定的防护指标所对应的频率范围作为能选防护装置的防护带宽。根据实际应用场景，防护带宽原则上需要覆盖强电磁攻击信号的频段。

需要注意的是，能选防护装置的透波带宽和防护带宽不一定是重合的，一般需要结合具体的应用场合进行针对性设计。另外，就单纯的设计过程而言，透波带宽和防护带宽的设计是相互独立的，这就为电子信息设备带内、带外强电磁防护提供了灵活的解决方案，这是传统的频率选择技术所不具备的一个优势。

3. 时域指标

时域指标主要衡量的是能选防护装置对于电磁波的时域响应特征，具体包括响应时间和恢复时间两个指标。

（1）响应时间

响应时间通常是指能选防护装置从透波状态切换到防护状态的反应时间。理想情况下，能选防护装置应该在强电磁攻击到达的瞬间改变自身的工作状态；而实际情况下，由于开关器件的非理想性，能选防护装置在切换工作状态时通常需要一定的反应时间。实际应用中，能选防护装置的响应时间越短越好。响应时间越短，意味着强电磁攻击的能量泄漏越少，越有利于保护后端的电子信息设备。

从强电磁攻击源的发展现状来看，目前主要的强电磁攻击形式多为脉冲或脉冲串，故下面以矩形脉冲信号为例，阐述能选防护装置响应时间的定义。通常，强电磁攻击的作用时间很短，单个脉冲的持续时间一般为纳秒至微秒量级，这就意味着能选防护装置的响应时间也应该是纳秒至微秒量级，甚至更快。

假设强电磁攻击信号为一个非理想的矩形脉冲信号（脉冲信号的上升沿和下降沿存在过渡时间），其时域波形如图 3-7 中的入射波所示。当该攻击信号照射到能选防护装置上，并于 t_1 时刻达到能选防护装置的启动阈值时，能选防护装置会逐渐进入防护状态。能选防护装置响应时间的定义：能选防护装置对入射波的衰减相对于设计的插入损耗（IL）增加 3 dB 的时刻，与能选防护装置的启动时刻之间的时间差。据此定义不难看出，对于图 3-7 所示情形，能选防护装置的响应时间为 $t=t_2-t_1$。

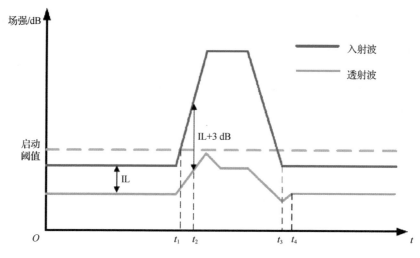

图 3-7　响应时间和恢复时间的定义

（2）恢复时间

恢复时间的定义与响应时间刚好相反，表示能选防护装置从防护状态切换到透波状态的反应时间。从图 3-7 可以看到，当强电磁攻击结束以后，由于半导体开关器件的弛豫时间，半导体中仍然存在自由载流子，无法瞬间完成开关状态的切换，就会使得能选防护装置从防护状态恢复到透波状态存在一定的延时。工程上，一般将从强电磁攻击结束到能选防护装置对电磁波的损耗稳定恢复到设计的插入损耗之间的时间定义为恢复时间。例如，图 3-7 中的恢复时间为 $t=t_4-t_3$。

值得注意的是，能选防护装置的时域响应指标与电磁波的波形是紧密相关的，上述响应时间和恢复时间的计算准则仅适用于脉冲波形的情况。实际应用过程中，对于响应时间和恢复时间的测试，要从这两者的物理含义出发，选取合适的参考标准。从广义上看，可以从能选防护装置对电磁波的衰减能力角度定义响应时间和恢复时间：响应时间表示能选防护装置对电磁波的衰减能力从插入损耗变为稳定的饱和防护效能所需的时间；恢复时间则表示能选防护装置对电磁波的衰减能力从饱和防护效能变为稳定的插入损耗所需的时间。一般情况下，我们希望响应时间和恢复时间的数值越小越好，即能选防护装置对空间电磁场变化的反应速度越快越好。

3.2　能量选择自适应防护技术的设计方法

本书第 3.1 节在介绍能量选择自适应防护技术的设计思想时提到，其核心是防护装置的电磁场致阻抗调控效应，即防护装置在不同的工作状态下应表现出不同的波阻抗特性。本节首先从传输线理论的角度探究防护和透波两种工作状态下，能选防护装置应具备的阻抗特征。然后，在此基础上，介绍一种基于人工电磁超材料的能选防护装置典型实现架构。

3.2.1　能选防护装置阻抗变换方案

理想情况下，可假设能选防护装置是一个二维无限大结构，电磁波通过该结构时会产生反射与透射，等效电磁模型如图 3-8 所示。图中，(E_i, H_i)、(E_r, H_r)、(E_t, H_t) 分别表示入射电磁波、反射电磁波和透射电磁波的电场和磁场；ε、μ 分别表示能选防护装置等效结构的介电常数和磁导率；h 表示能选防护装置的厚度。根据传输线理论，该电磁模型可等效为如图 3-9 所示的传输线模型。其中，传输线 1 和传输线 3 对应电磁波原本的传输环境，通常为自由空间，其特征阻抗 $\eta_0=377\ \Omega$；传输线 2 对应能选防护装置，其等效特征阻抗记为 η_c；传输线 1 和传输线 2 之间的反射系数和透射系数分别用 γ_1、τ_1 表示；类似地，γ_2、τ_2 表示传输线 2 和传输线 3 之间的反射系数和透射系数。

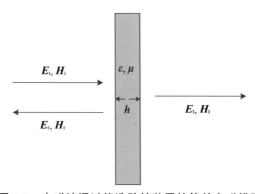

图 3-8　电磁波通过能选防护装置的等效电磁模型

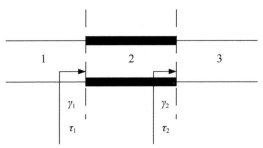

图 3-9 电磁波通过能选防护装置的等效传输线模型

为了利用传输线理论分析上述模型，需要将电磁波的电磁参数等效为传输线中的物理量。根据相关理论，不同类型的平面波与传输线物理量之间的等效转化关系如表 3-1 所示。表中，假设电磁波传播方向为+z 方向，k 表示电磁波的波数，ω 表示电磁波的角频率，θ 表示入射波方向与能选防护装置表面法向的夹角，η 表示电磁波的波阻抗。

表 3-1 不同类型平面波与传输线物理量的等效转化关系

平面波类型	传输线物理量			
	电压 U	电流 I	传播常数 β	特性阻抗 Z。
横电磁波（TEM$_z$ 波）	电场 E_x	磁场 H_y	$k = \omega\sqrt{\mu\varepsilon}$	$\eta = \sqrt{\mu/\varepsilon}$
横电波（TE$_z$ 波）	电场 E_y	磁场 $-H_x$	$k\cos\theta$	$\eta/\cos\theta$
横磁波（TM$_z$ 波）	电场 E_x	磁场 H_y	$k\cos\theta$	$\eta\cos\theta$

通过上述转化关系，即可利用电路分析方法来分析空间电磁波的场特性。接下来，以垂直极化波为例，分析能选防护装置在透波和防护两种状态下需要具备的阻抗状态。传输线理论中，垂直极化波对应表 3-1 中的 TE$_z$ 波。在此，为了方便表述，设图 3-9 中第 i 种传输线对应的传输参数为 k_i、β_i、η_i。根据图 3-8 中的模型，传输线 2 对应的长度为能选防护装置的厚度 h。垂直极化波照射到能选防护装置表面时，满足折射定律：

$$k_1 \sin\theta_1 = k_i \sin\theta_i \Rightarrow \theta_i = \arcsin(k_1 \sin(\theta_1)/k_i) \tag{3-2}$$

式中，θ_i 为电磁波对于第 i 种介质的入射角度。

根据表 3-1 的对应关系可以得到

$$\beta_i = k_i \cos\theta_i \tag{3-3}$$

$$\eta_i^{\text{TE}} = \eta_i / \cos\theta_i \tag{3-4}$$

根据电磁波的传播特性，TE$_z$ 波在穿过介质 1、介质 2 和介质 2、介质 3 时

均会产生反射和透射现象。根据传输线理论，介质 2、介质 3 交界面上的反射系数和透射系数计算表达式为

$$\begin{cases} \gamma_2 = \dfrac{\eta_3^{TE} - \eta_2^{TE}}{\eta_3^{TE} + \eta_2^{TE}} \\ \tau_2 = 1 + \gamma_2 \end{cases} \tag{3-5}$$

此时，从介质 1、介质 2 交界面看其后整体结构的等效阻抗为

$$\eta_{equ1} = \eta_2^{TE} \frac{1 + \gamma_2 e^{-j2\beta_2 h}}{1 - \gamma_2 e^{-j2\beta_2 h}} \tag{3-6}$$

类似地，可得介质 1、介质 2 交界面上的反射系数和透射系数计算表达式为

$$\begin{cases} \gamma_1 = \dfrac{\eta_{equ1} - \eta_1^{TE}}{\eta_{equ1} + \eta_1^{TE}} \\ \tau_1 = (1 + \gamma_1) / (e^{j\beta_2 h} + \gamma_2 e^{-j\beta_2 h}) \end{cases} \tag{3-7}$$

于是，能选防护装置对电磁波的总反射系数 $\Gamma = \gamma_1$，总透射系数 $T = \tau_1 \tau_2$。另外，电磁学中，经常以 dB 为单位来衡量某一参数的大小，其转换关系为

$$X(\mathrm{dB}) = 20 \lg X \tag{3-8}$$

同理，当平行极化波（TM_z 波）入射时，分析方法与垂直极化波的情况基本相同。不同的是媒质的等效特征阻抗变为 $\eta_i^{TM} = \eta_i \cos \theta_i$，本书不再赘述。

上述就是能选防护装置在传输线理论下对于电磁波透射与反射情况的理想分析方法。这里，重点关注两种特殊状态，全透射与全反射，即 $\Gamma = 0$ 和 $\Gamma = \pm 1$。

1. 全透射（$\Gamma = 0$）

为了方便分析，不妨假设电磁波垂直于界面入射，即入射角度为 0°，可得

$$\beta_i = k_i = \omega \sqrt{\mu_i \varepsilon_i} \tag{3-9}$$

$$\eta_i^{TE} = \eta_i^{TM} = \eta_i = \sqrt{\mu_i / \varepsilon_i} \tag{3-10}$$

根据式（3-9）和式（3-10），可对式（3-6）进行化简：

$$\eta_{equ1} = \eta_2 \frac{1 + \gamma_2 e^{-j2k_2 h}}{1 - \gamma_2 e^{-j2k_2 h}} = \eta_2 \frac{\eta_3 \cos(k_2 h) + j\eta_2 \sin(k_2 h)}{\eta_2 \cos(k_2 h) + j\eta_3 \sin(k_2 h)} \tag{3-11}$$

根据式（3-7），若想 $\Gamma = 0$，则意味着 $\eta_{equ1} = \eta_1$。根据式（3-11）可得

$$\eta_2 \frac{\eta_3 \cos(k_2 h) + j\eta_2 \sin(k_2 h)}{\eta_2 \cos(k_2 h) + j\eta_3 \sin(k_2 h)} = \eta_1 \Rightarrow \begin{cases} \eta_1 \cos(k_2 h) = \eta_3 \cos(k_2 h) \\ \eta_1 \eta_3 \sin(k_2 h) = \eta_2^2 \sin(k_2 h) \end{cases} \tag{3-12}$$

式（3-12）右边两个方程同时成立，存在以下3种情况。

（1）$\eta_1 = \eta_2 = \eta_3$：这种情况意味着能选防护装置的波阻抗须与两侧的空间波阻抗完全匹配，对能选防护装置的厚度无特殊限制。

（2）$\eta_1 = \eta_3$，$\sin(k_2 h) = 0$：这种情况要求能选防护装置两侧的空间波阻抗相同，对能选防护装置自身波阻抗无特殊要求，但能选防护装置的厚度须为半波长的整数倍，即 $h=n\lambda/2$（$n=1,2,3,\cdots$）。

（3）$\eta_1 \eta_3 = \eta_2^2$，$\cos(k_2 h) = 0$：这种情况要求能选防护装置的波阻抗与两侧的空间波阻抗满足均方关系，且能选防护装置的厚度为四分之一波长的奇数倍，即 $h=(2n+1)\lambda/4$（$n=0,1,2,3,\cdots$）。

2. 全反射（$\varGamma=1$ 或 $\varGamma=-1$）

根据式（3-7），全反射情况下需分别满足 $\eta_{equ1} \to \infty$ 或 $\eta_{equ1}=0$，下面根据式（3-11）分别予以讨论。

对于 $\eta_{equ1} \to \infty$，存在两种情况：$\eta_3 = 0$ 且 $\cos(k_2 h) = 0$，这种情况要求能选防护装置后侧的空间波阻抗为 0，且能选防护装置的厚度为四分之一波长的奇数倍，即 $h=(2n+1)\lambda/4$（$n=0,1,2,3,\cdots$）；$\eta_2 \to \infty$，这种情况要求能选防护装置自身的波阻抗无穷大。

对于 $\eta_{equ1}=0$，同样存在两种情况：$\eta_3 = 0$ 且 $\sin(k_2 h) = 0$，这种情况要求能选防护装置后侧的空间波阻抗为 0，且能选防护装置的厚度为半波长的整数倍，即 $h=n\lambda/2$（$n=1,2,3,\cdots$）；$\eta_2 = 0$，这种情况要求能选防护装置自身波阻抗为 0。

综合分析上述 4 种情况可以发现，若想实现电磁波全反射，只可能存在以下两种情形。

（1）$\eta_3 = 0$，$\cos(k_2 h) = 0$ 或 $\sin(k_2 h) = 0$：这意味能选防护装置后侧的传输环境（介质 3）为一个理想的无限大金属，这显然不符合能选防护装置的实际工作环境。

（2）$\eta_2 = 0$ 或 $\eta_2 \to \infty$：这种情形要求能选防护装置自身的波阻抗为两个极端，这显然在实际工程中是无法实现的。但是，它给我们提供了一种实现电磁波反射的指导思想，即能选防护装置的波阻抗要尽量与周围电磁波传输环境的波阻抗失配，两者差异越大，能选防护装置对电磁波的反射能力越强。

综合上述分析，结合实际工程应用场合，考虑到一般情况下能选防护装置两侧的传输介质均为空气，将能选防护装置设计过程中可用的处理方案归纳如下。

状态 1 对于低能量强度的工作信号，能选防护装置开启，允许电磁波低损耗地透过，有两种实现思路：使能选防护装置自身波阻抗与空气波阻抗 η_0 完全匹配，即 $\eta_c = \eta_0$；使能选防护装置的厚度刚好为电磁波半波长的整数倍。

状态 2　对于高能量强度的攻击电磁波，能选防护装置关闭，拒绝电磁波透过，有一种实现思路：使能选防护装置自身波阻抗与空气波阻抗尽量失配，即 $\eta_c \gg \eta_0$ 或 $\eta_c \ll \eta_0$。

理论上，只要能够实现上述两种状态的自由切换，就可实现能量选择自适应防护。但是，对于工程实现而言，考虑到状态 1 的第 2 种实现思路与状态 2 的实现思路不在同一维度，实施起来难度较大，故实际设计过程中更多的还是采用纯粹的阻抗变换方案。于是，可以将电子设备前门防护这样一个工程问题转化为以下科学问题（见图 3-10）：

设计一种具备波阻抗自适应变换能力的结构，当空间辐照场强低于某一阈值时，结构自身的波阻抗与电磁波传输环境的特征阻抗处于一种匹配状态；当空间辐照场强高于某一阈值时，结构自身的波阻抗处于一种极高阻抗或极低阻抗状态，尽量与电磁波传输环境的特征阻抗失配。

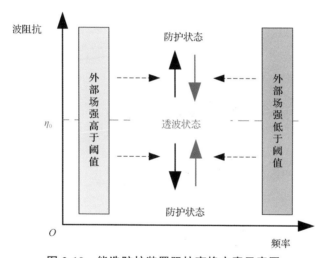

图 3-10　能选防护装置阻抗变换方案示意图

3.2.2　典型能选防护装置的实现架构及设计流程

根据本书第 3.1.1 小节介绍的设计思想，能选防护装置的核心实际上是一种具备波阻抗非线性变换能力的电磁结构，因此寻找或设计非线性电磁材料是设计工作的核心。

自然界中，一些具备非线性电磁特征参数的天然材料理论上都可以为能选防护装置的设计提供支撑。例如，二氧化钒（VO_2）是一种具有相变性质的金属氧化物，温度是诱导其产生相变的重要因素，随着温度的变化，VO_2 相变引起的电导率突变可达 5 个数量级以上，从而引起材料自身波阻抗的大范围突变，是一种较为理想的能选防护装置设计原材料；另外，石墨烯是一种由碳原子组成的六角形蜂巢晶格二维碳纳米材料，该材料自身的电导率可以通过改变材料的静电偏置电压进行调节，从而实现波阻抗变换，理论上也可用于能选防护装置的设计。除了这些天然的非线性电磁材料之外，近些年兴起的人工电磁材料为能选防护装置的设计带来了新的契机。人工电磁材料借助特殊的亚波长周期性结构，能够突破自然界已知材料的一些固有电磁特征限制，实现"近零折射"或"负折射"现象，极大地拓展了能选防护装置的设计范畴。本小节主要从人工电磁材料的角度出发，阐述一种典型的能选防护装置设计框架和基本流程。

能选防护装置可以采用半导体材料、半导体器件、石墨烯等基础材料与器件，结合电磁超材料实现，具体实现方式多种多样。其中，最基本的设计思路是在传统人工电磁材料的基础上嵌入场控开关器件，构建一种集空间场感应与波阻抗自适应变换于一体的新型结构。一种典型的能选防护装置实现架构如图 3-11 所示，即介质基板+周期性金属网格+场控开关器件。为了将这种新型结构与传统的频率选择表面进行区分，我们将这类具备"能量筛选"特性的电磁结构命名为能量选择表面（ESS）。

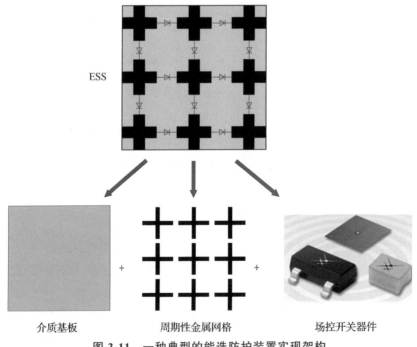

图 3-11　一种典型的能选防护装置实现架构

对于图 3-11 所示的能量选择表面设计架构,其核心组件包括 3 个部分,分别为周期性金属网格、场控开关器件及介质基板。下面分别对这 3 个部分的作用及设计原则予以介绍。

1. 周期性金属网格

图 3-11 展示了一种最简单的周期性金属网格实现形式,即离散"十"字形结构,不同金属网格单元之间由场控开关器件连接。在这里,周期性金属网格的作用主要体现在两个方面:首先是作为空间电磁场的感应载体,当电磁波照射其上时,金属网格上的感应电流能够起到诱发场控开关器件导通的作用;其次,金属网格作为能量选择表面的"骨架",其几何构型直接决定了能量选择表面的频率响应特性。总体而言,周期性金属网格作为能量选择表面的"骨架",主要负责在工作频段上产生信号通带,并且在信号的角度稳定性、极化特性、阻抗匹配等方面具有决定性作用。

2. 场控开关器件

在图 3-11 所示的实现方案中,场控开关器件是整个装置的核心,其主要作用是根据空间辐照场强的强弱改变自身开关状态,引发能量选择表面自身波阻抗的自适应变换。当强电磁攻击来临时,若空间辐照场强高于某一阈值,场控开关器件迅速感应导通,将离散的"十"字形金属单元连接成一张连续的金属网,实现对高能量强度的攻击电磁波的反射;当强电磁攻击结束时,空间辐照场强降低到阈值以下,场控开关器件恢复到截止状态,整个结构恢复到原始的离散"十"字形金属阵列状态,允许低能量强度的电磁工作信号通过。可以说,场控开关器件是控制能量选择表面在离散与连续两种状态切换的关键,也是该结构实现自适应电磁防护的关键。常见的场控开关器件有半导体开关二极管、光电导开关、MEMS 开关等。

3. 介质基板

介质基板在图 3-11 所示的实现架构中主要起两个作用:一个是作为整个结构的载体,可根据需要将能量选择表面制作成柔性和硬质两种形态,如图 3-12 所示;另一个是为整个结构的阻抗匹配设计提供支撑,通过调节介质基板的层数及各层介质基板的相对介电常数,可实现特定场合的阻抗匹配。

根据本书第 3.1 节中阐述的设计思想,能选防护装置在透波状态下的波阻抗应尽量与自由空间波阻匹配,在防护状态下的波阻抗应尽量与自由空间波阻抗失配,即趋向无穷大或 0。为了验证图 3-11 所示架构的可行性,我们构建了如图 3-13(a)所示的仿真模型(其中的场控开关器件选择的是 PIN 二极管),并利用电磁仿真软件 CST 分析了该结构在 PIN 二极管导通和截止两种状态下的波阻抗，结果如图 3-13（b）所示。可以看到，1～10 GHz 范围内，该结构在防护状态下的波阻抗始终趋近 0，与空间波阻抗失配；透波状态下，该结构的波阻抗与自由空间波阻抗 η_0 总体上处于较好的匹配状态，符合设计的预期。但是，随着工作频率的升高，该结构透波状态下的波阻抗与自由空间波阻抗 η_0 的失配程度逐渐增加，这意味着该结构只适合工作于低频段。这一现象主要是由金属结构的谐振引起的，这也从侧面验证了前文关于"周期性金属网格的几何构型直接决定了能量选择表面的频率响应特性"这一说法。因此，根据不同的应用需求和电磁性能指标设计相对应的金属阵列结构，是能量选择表面研究体系中的一项重要工作。

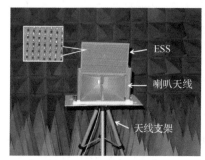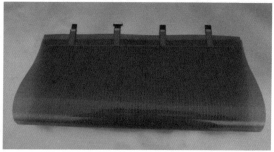

图 3-12　硬质（左）和柔性（右）两种形态的能量选择表面

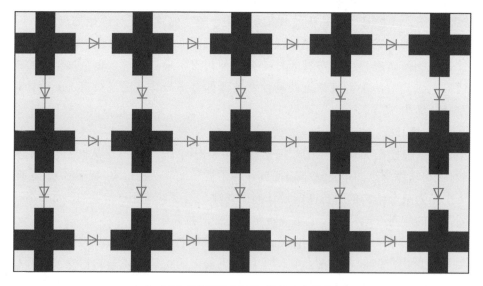

（a）"十"字形能量选择表面结构（仿真模型）

图 3-13　"十"字形能量选择表面的仿真模型及波阻抗特性仿真曲线

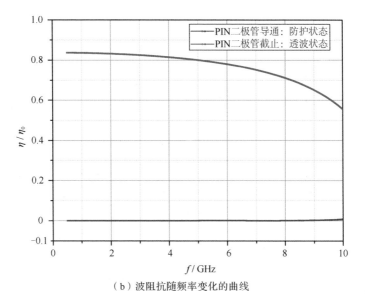

（b）波阻抗随频率变化的曲线

图 3-13 "十"字形能量选择表面的仿真模型及波阻抗特性仿真曲线（续）

对于图 3-11 所示的能选防护装置实现架构，其设计流程无非就是围绕着周期性金属网格、场控开关器件、介质基板 3 个方面展开。其中，场控开关器件是整个装置的核心。为了实现能选防护装置"自适应响应"的特点，场控开关器件需要具备两个特征：一个是可以通过外部电磁场引发开关状态的切换，另一个是具备非线性的阻抗特征。目前，虽然具有非线性阻抗特征的材料有很多，如铁氧体、二氧化钒、液晶等，但是这些材料的成本较高，且应用条件非常严格，难以被外部电磁场触发响应，在能选防护装置中的应用并不广泛。相较而言，半导体开关器件（如开关二极管等）具有良好的压控导电效应，借助金属结构的表面感应电压或感应电流，可以被外部电磁场触发响应，是一种比较理想的场控开关器件。并且，半导体器件本身具有工艺成熟、成本低、容易触发、对工作环境要求不高等优势，受到诸多研究人员的青睐，在能选防护装置的设计中具有较为广泛的应用。以基于 PIN 二极管的能量选择表面为例，图 3-14 展示了其通用设计流程，主要包含三大模块：防护指标量化、周期性金属网格设计、半导体开关器件选型与性能评估。为了方便问题的阐述，此处的半导体开关器件以 PIN 二极管为例。首先，从防护要求出发，梳理拟设计的能量选择表面的工作频段、插入损耗、防护效能等具体指标要求，通过理论分析和电磁仿真，确定拟采取的金属网格或金属阵列的具体形式，从整体上满足防护装置的频率响应特征要求。其次，根据能量选择表面的响应时间、防护场强等指标要求，开展半导体开关器件选型以及金属网格尺寸的精细化设计。最后，通过电磁仿真、实验测试等手段开展联合优化设计，确定最终的能量选择表面形式及设计方案。

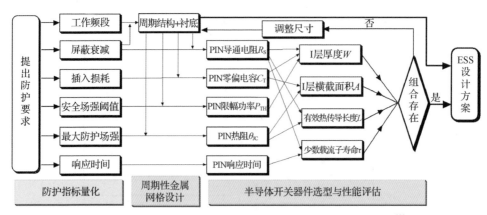

图 3-14 基于 PIN 二极管的能量选择表面设计流程示意图[2]

最后，需要特别说明的是，本小节介绍的能量选择表面实现架构只是诸多能选防护装置实现方式之一。根据第 3.1 节的设计思想，只要是理论上具备波阻抗自适应变换能力的电磁结构都可用于能选防护装置的设计。由于这类结构主要通过"能量筛选"的特性实现对强电磁攻击的自适应防护，故由此引申的一系列技术都可归于"能量选择自适应防护技术"的范畴。除特别说明外，本书后续章节中述及的能选防护装置均是指这类以电磁超材料结构为基础，结合场控开关器件设计而成的自适应防护装置。不失一般性，本书后续章节将其统称为能量选择自适应防护结构（简称能选防护结构）。为了方便读者理解，本章涉及的几个关于"能量选择"概念和名词的从属关系如图 3-15 所示。

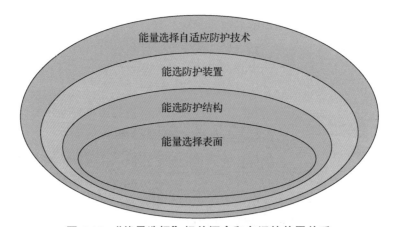

图 3-15 "能量选择"相关概念和名词的从属关系

3.3　能量选择自适应防护技术的仿真分析方法

从本书第 3.2.2 小节介绍的能选防护结构的实现方式不难发现，对于这类结构的电磁特性仿真分析，本质上是一种加装集总元件的周期性阵列结构的电磁特性仿真分析。这类问题理论上可以直接借助电磁全波算法解决。然而，随着阵列结构规模的增大，单纯的电磁全波算法往往会面临计算复杂度激增、资源消耗过大的难题。因此，本节从能选防护结构的几何特征出发，采用等效分析法来获得能选防护结构的电磁特征。目前比较常用的仿真分析方法主要有场路协同仿真[2]、等效电路法[3]、自由空间法[4]等。

3.3.1　场路协同仿真

从本书第 3.2 节介绍的能选防护结构实现架构可以看到，其基本形式是具有场控开关器件的周期性阵列结构。因此，可以将能选防护结构的仿真分析近似地看作无限大的周期性结构的电磁传输特性分析问题。首先，根据能选防护结构的周期单元形式和平面波激励源形式确定仿真的周期边界条件，将无限大的周期性结构问题简化为对"单个阵列单元+周期边界条件"的分析；然后，采用场路协同仿真，计算无限大能选防护结构的电磁传输特性，以此来近似获取有限大能选防护结构的电磁传输特性。

假设有一均匀平面波照射到具有周期特性的无限大电磁结构上，考虑到周期单元内的电磁场受边界条件影响，电磁波的振幅和相位特性会呈现周期性变化，这种变化满足弗洛凯（Floquet）定理，一般可表述为：对一给定的传输模式，在给定的稳态频率下，任一个截面内的场与相距一个空间周期的另一个截面内的场只相差一个复常数，用数学形式可表示为

$$\psi(x, y, z) = \psi(x + d, y, z)\exp(\mathrm{j}\gamma d) \tag{3-13}$$

式中，ψ 为场分量，d 为 x 方向的周期单元长度，γ 为电磁波沿 x 方向的相位常数。这就是周期边界条件的直观表述。

以典型的电磁数值算法——时域有限差分（Finite Difference Time Domain，FDTD）法为例，周期边界条件可通过两种方法实现：一种是在时域场中，根据 Floquet 定理，找出周期单元内外场之间的变换关系，代入离散差分方程直接求解；另一种是根据周期单元内外场之间的关系，在频域中进行求解。

考虑图 3-16 所示的二维无限大周期性电磁结构，当垂直极化平面波（电场仅有 E_z 分量）斜入射时，依据 Floquet 定理，边界条件满足

$$\begin{cases} \boldsymbol{H}_x(x, y_p + \Delta y / 2) = \boldsymbol{H}_x(x, \Delta y / 2) \exp(-\mathrm{j}k_y p_y) \\ \boldsymbol{E}_z(x, 0) = \boldsymbol{E}_z(x, y_p) \exp(+\mathrm{j}k_y p_y) \end{cases} \tag{3-14}$$

式中，$\boldsymbol{H}_x$ 表示 x 方向的磁场矢量，$\boldsymbol{E}_z$ 表示 z 方向的电场矢量，Δy 表示 y 方向的离散网格步长，k_y 表示电磁波沿 y 方向的传播常数，p_y 表示金属栅格沿 y 方向的周期单元长度。

将式（3-14）改写成时域形式，有

$$\begin{cases} H_x(x, y_p + \Delta y / 2, t) = H_x(x, \Delta y / 2, t - y_p \sin \varPhi_1) \\ E_z(x, 0, t) = E_z(x, y_p, t + y_p \sin \varPhi_1) \end{cases} \tag{3-15}$$

式中，H_x 表示 x 方向的磁场幅度，E_z 表示 z 方向的电场幅度；$\varPhi_1$ 表示入射波方向与 x 轴的夹角。

将上述方程代入麦克斯韦（Maxwell）方程组，通过 FDTD 迭代方程即可迭代求解图 3-16 所示模型在空间的电磁场分布特征。类似的方法也可用于一般的周期性阵列结构电磁特性分析。然而，除了周期性金属阵列，实际的能选防护结构还包含场控开关器件等集总元件，如何精确地描述集总元件与金属结构的场路作用是能选防护结构仿真分析面临的一项重要挑战。

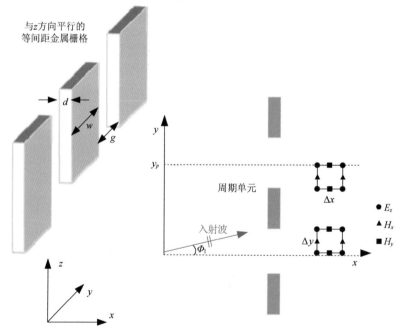

图 3-16　平面波照射二维无限大周期性电磁结构（斜视图和俯视图）

为了合理地引入集总元件的影响，可以将集总元件的阻抗特性表达式与电场或磁场相联系，离散后代入 FDTD 迭代方程进行求解，如表 3-2 所示。表中，Δx、Δy、Δz 分别表示 x、y、z 方向的离散网格步长；Δt 表示算法的离散时间步进；R、L、C 分别表示加载的电阻值、电感值、电容值；i、j、k 分别表示算法计算过程中沿 x、y、z 方向的离散网格空间编号；n 表示计算过程中的时间步进编号；∇ 表示哈密尔顿算子。

表 3-2　集总元件迭代方程

集总元件	FDTD 迭代方程
电阻器 Cube (i,j,k) 	$$E_z^{n+1}(i,j,k)=\dfrac{1-\dfrac{\Delta t\Delta z}{2R\varepsilon\Delta x\Delta y}}{1+\dfrac{\Delta t\Delta z}{2R\varepsilon\Delta x\Delta y}}E_z^n(i,j,k)+\dfrac{\dfrac{\Delta t/\varepsilon}{1+\dfrac{\Delta t\Delta z}{2R\varepsilon\Delta x\Delta y}}}{}(\nabla\times\boldsymbol{H})\big|_z^{n+\frac{1}{2}}(i,j,k)$$
电容器 	$$E_z^{n+1}(i,j,k)=E_z^n(i,j,k)+\dfrac{\Delta t/\varepsilon}{1+\dfrac{C\Delta z}{\varepsilon\Delta x\Delta y}}(\nabla\times\boldsymbol{H})\big|_z^{n+\frac{1}{2}}(i,j,k)$$
电感器 	$$E_z^{n+1}(i,j,k)=E_z^n(i,j,k)+\dfrac{\Delta t}{\varepsilon}(\nabla\times\boldsymbol{H})\big|_z^{n+\frac{1}{2}}(i,j,k)-\dfrac{\Delta z(\Delta t)^2}{\varepsilon L\Delta x\Delta y}\sum_{m=1}^{n}E_z^m(i,j,k)$$
二极管 	$$E_z^{n+1}(i,j,k)=E_z^n(i,j,k)+\dfrac{\Delta t}{\varepsilon}(\nabla\times\boldsymbol{H})\big|_z^{n+\frac{1}{2}}(i,j,k)-I_0\left\{\exp\left[\dfrac{q\Delta z(E_z^{n+1}(i,j,k)+E_z^n(i,j,k))}{2kT}\right]-1\right\}$$
细线 	$$E_z^{n+1}(i,j,k)=0$$

需要注意的是，这种方法对于单个集总元件，如电阻器、电容器、电感器、二极管的处理比较有效，但涉及由多个集总元件组合而成的电路，特别是包含受控源的电路时，FDTD 迭代方程就会变得非常复杂。

另一种处理方法是将压控导电元件等效为集总电流源或磁流源，在磁场 H 的旋度方程中增加集总源（假设为集总电流源 J_L），即有

$$\nabla \times \boldsymbol{H} = \frac{\partial \boldsymbol{D}}{\partial t} + \boldsymbol{J}_L \tag{3-16}$$

式中，D 表示电位移矢量。

首先，在空间场中，通过磁场 H 迭代得到集总电流源 J_L，然后在路里面采用 J_L 作为源激励集总元件，得到源两端的电压，从而得到压控导电元件附近的场强。接下来，返回到空间场中再次求解，如此反复进行。

空间中的电磁场仿真可采用 FDTD 算法，利用常规子网格和特殊子网格的剖分，离散得到不同的方程，并进行迭代；电路的仿真采用 SPICE 软件，可仿真具有任意等效电路的压控导电元件，场分量 E、H 和路分量 U、I 通过特殊子网格内的场分量和激励源紧密联系，如图 3-17 所示。这种场路协同仿真称为 FDTD-SPICE 算法，其"场—路"交互迭代关系如图 3-18 所示，算法仿真流程如图 3-19 所示。

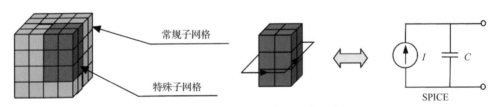

图 3-17　FDTD-SPICE 算法仿真示意图

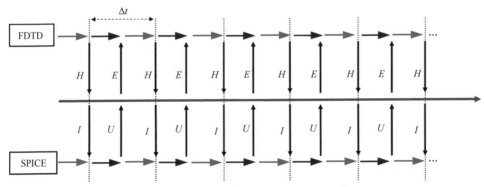

图 3-18　FDTD-SPICE 场路分量交互示意图

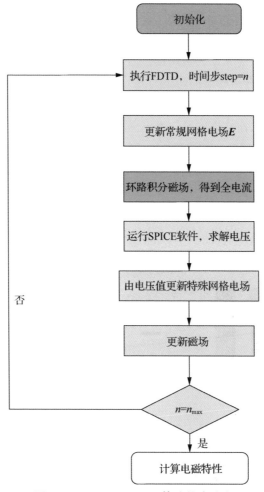

图 3-19　FDTD-SPICE 算法仿真流程

　　最后，需要特别说明的是，由于能选防护结构对空间场强敏感，具有可变的电磁传输特性，采用场路协同仿真（FDTD-SPICE 算法）的分析方法，能够准确地观察到能选防护结构自适应防护变化的全过程，这对于能选防护结构的性能评估和辅助设计具有极大帮助。

3.3.2　等效电路法

　　等效电路法主要是基于对象的电磁响应特性进行分析：首先，根据电磁结构表面的感应电场与感应电流分布特征，将其等效为特定的集总元件；然后，依据传输线理论建立对应的等效电路模型，从电路的角度分析结构的电磁响应特征。

等效电路法是目前最简单、直观的一种分析方法，广泛应用于周期性电磁结构的分析设计中。

下面以厚度为 0 的无限大金属栅格为例，分析等效电路模型的建立过程。如图 3-20 所示，假设金属栅格的间距为 a，单个金属条的宽度为 d。当对金属条施加电场方向与其方向相同的入射电磁波时，电场会驱动电荷移动，在金属栅格上激励出感应电流，从而产生磁场，像电感器一样存储磁能，此时金属栅格可以等效为电感性元件。电感效应的强弱，除了与入射电磁波的频率和入射角度有关外，还由金属栅格单元的尺寸和金属条宽度等参数决定。如图 3-21 所示，当入射波的磁场方向与金属条方向正交时，由于金属栅格间的缝隙存在感应电势差，故其可以像电容器一样存储电能，此时金属栅格可以等效为电容性元件。同样，其电容效应的强弱，除了与入射电磁波频率和入射角度有关外，还由金属栅格单元尺寸和金属条宽度等参数决定。

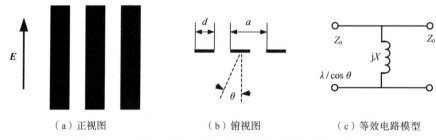

（a）正视图   （b）俯视图   （c）等效电路模型

图 3-20　与电场方向一致的金属栅格及其等效电路模型

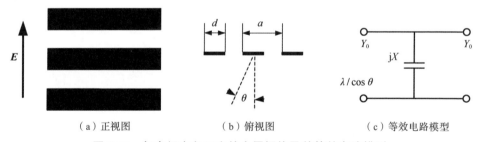

（a）正视图   （b）俯视图   （c）等效电路模型

图 3-21　与电场方向正交的金属栅格及其等效电路模型

虽然上述等效电感和电容有经验计算公式，但具体到金属结构设计中，往往在上述等效电路模型的基础上，利用 Advanced Design System（ADS）等电路仿真软件进行仿真模拟，以获取等效的电感值和电容值。考虑到能选防护结构的基本实现架构是在金属结构上加装 PIN 二极管，故利用等效电路法分析这类结构还需建立 PIN 二极管的等效电路模型。

PIN 二极管作为一种典型的非线性器件，其结构如图 3-22（a）所示。该结构的设计思路是在 P+材料与 N-材料之间添加一种无杂质或低杂质的半导体，即 I 区的本征半导体，进而实现其非线性特性。往往 I 区厚度越小，PIN 二极管的响应速度越快，但是其耐电压能力会随之降低，因此适用于能选防护结构的管型要兼顾这两个问题。当 PIN 二极管零偏或反偏，即 PIN 二极管处于截止状态时，I 区的空穴和电子处于耗尽或准耗尽状态，没有电荷存储，此时 PIN 二极管可以等效为如图 3-22（b）所示的电路模型。其中，L_S 为封装引线电感；C_T 为 I 层的结电容，其与 PIN 二极管的反偏电阻 R_P 并联。通常情况下，反偏电阻 R_P 的值极大，故通过拟合电路参数判断能选防护结构的频率响应特性时往往可以将其忽略。另外，在一些精度要求不高的场合，由于封装引线电感引起的阻抗远小于 I 层结电容引起的阻抗，故简单起见，可直接将截止状态下的 PIN 二极管等效为一个电容。当 PIN 二极管正偏，即 PIN 二极管处于导通状态时，空穴和电子将注入 I 区，此时 I 区的电阻 R_S 将急速下降至很小，此时 PIN 二极管的等效电路模型如图 3-22（c）所示。

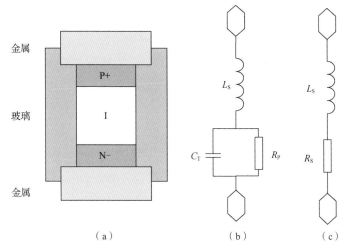

图 3-22　PIN 二极管的结构及其等效电路模型

将金属栅格等效电路模型与 PIN 二极管等效电路模型结合，即可得到能选防护结构的等效电路模型，直观地了解能选防护结构的工作原理与电磁响应特性。以简单的金属栅格加装 PIN 二极管的能选防护结构为例，利用前面介绍的等效电路模型，可以得到该能选防护结构在透波和防护两种状态下的等效电路模型，如图 3-23 所示。图中，L_0 表示沿金属栅格结构纵向的等效电感，C_0 表示不同金属栅格条之间缝隙的等效电容。

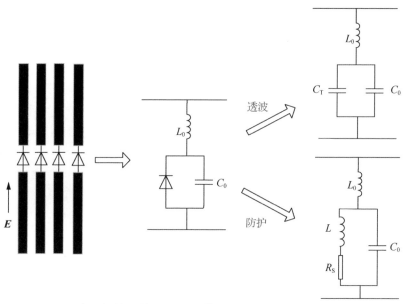

图 3-23　金属栅格加装 PIN 二极管的能选防护结构等效电路模型

3.3.3　自由空间法

自由空间法被广泛应用于电磁复合材料的传输特性分析中。应用该方法分析能选防护结构时，通常将被分析对象假定为一等效的均匀介质，然后利用二端口网络的散射参数（简称 S 参数）通过一系列计算得到该等效介质的等效介电常数和等效磁导率。

假设等效介质材料的复介电常数和复磁导率分别为

$$\begin{cases} \varepsilon = \varepsilon_0 \varepsilon_r = \varepsilon_0 (\varepsilon' - j\varepsilon'') \\ \mu = \mu_0 \mu_r = \mu_0 (\mu' - j\mu'') \end{cases} \tag{3-17}$$

式中，ε_0、μ_0 分别表示真空的介电常数和磁导率；ε_r、μ_r 分别表示等效介质材料的相对介电常数和相对磁导率。不失一般性，假设这两个量均是复数，则该等效介质材料的归一化特征阻抗可表示为

$$\eta_r = \sqrt{\frac{\varepsilon_r}{\mu_r}} \tag{3-18}$$

等效介质材料对应的相位常数为

$$k = k_0 \sqrt{\varepsilon_r \mu_r} \tag{3-19}$$

式中，$k_0 = 2\pi f / c$，为自由空间的相位常数；f 为工作频率；c 为真空中的光速。

当一束均匀平面电磁波垂直照射到该等效介质材料上时，其等效物理模型如图 3-24 所示。图中，E_i、E_r、E_t 分别表示入射波、反射波、透射波的场强；E_{d+} 表示等效介质材料中的透射场强，E_{d-} 表示等效介质材料中的反射场强。

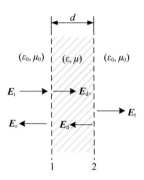

图 3-24　均匀平面电磁波垂直入射的物理模型

利用电磁场理论相关知识可知，该模型对应的二端口网络的反射系数 S_{11} 和透射系数 S_{21} 的计算表达式为

$$\begin{cases} S_{11} = \dfrac{R(1-T^2)}{1-R^2T^2} \\ S_{21} = \dfrac{T(1-R^2)}{1-R^2T^2} \end{cases} \tag{3-20}$$

式中，R 为入射电磁波在交界面 1 上的反射系数，T 为入射电磁波在等效介质材料中的传输系数。

由电磁理论易知：

$$\begin{cases} R = \dfrac{\eta_r - 1}{\eta_r + 1} \\ T = \mathrm{e}^{-jkd} \end{cases} \tag{3-21}$$

联立式（3-20）和式（3-21）可得

$$\begin{cases} R = K \pm \sqrt{K^2 - 1}, \ |R| < 1 \\ T = \dfrac{S_{11} + S_{21} - R}{1 - (S_{11} + S_{21})R} \end{cases} \tag{3-22}$$

式中，$K = (S_{11}^2 - S_{21}^2 + 1)/(2S_{11})$。

因此，在实际的工程应用中，若可以通过实验手段测得某一能选防护结构的散射参数（S_{11} 和 S_{21}），则利用式（3-20）～式（3-22）可反推出该能选防护结构对应的等效介质材料的相对介电常数和相对磁导率，其计算表达式为

$$\begin{cases} \varepsilon_{\mathrm{r}} = \dfrac{k(1-R)}{k_0(1+R)} \\ \mu_{\mathrm{r}} = \dfrac{k(1+R)}{k_0(1-R)} \end{cases}$$

（3-23）

最后，由等效介质材料的相对介电常数与相对磁导率便可计算出该等效介质材料的空间波阻抗，从而判断对应的能选防护结构对于电磁波的传输特性。这一方法可有效地简化电磁波入射到复杂电磁结构时的反射与传输特性分析，也可以指导能选防护结构与自由空间的阻抗匹配设计，从而减小其在透波状态下对正常工作信号的衰减。

参考文献

[1] 张继宏. 射频前端能量选择电磁防护结构与器件设计研究[D]. 长沙：国防科技大学，2022.

[2] 杨成. 能量选择表面防护机理与分析[D]. 长沙：国防科技大学，2011.

[3] 王珂. 能量选择结构设计与导航防护应用研究[D]. 长沙：国防科技大学，2017.

[4] 虎宁. 新型可调电磁吸波体和强电磁防护结构[D]. 长沙：国防科技大学，2019.

第 4 章 能量选择自适应防护技术——
结构与测试

本书第 3 章从设计思想、工作机制、实现方案、设计流程、仿真分析方法等角度，详细地介绍了能量选择自适应防护技术的相关理论基础，并基于电磁超材料结构的设计实现思路，提出了一种典型的能选防护结构实现方案。在此基础上，本章首先介绍几种典型的能选防护结构设计案例；然后，结合本书第 3 章提出的能量选择自适应防护技术的评估指标体系，分析典型能选防护结构的电磁特征及其实验测试方法。

4.1 典型能选防护结构及其电磁特征

本节从电磁超材料结构的设计角度介绍几种典型的能选防护结构设计案例，详细阐述能量选择自适应防护技术在具体工程实践中的分析和设计流程，希望能够给读者提供一些设计方面的启示，帮助读者加深对这一防护技术的理解。

实际上，从图 3-11 不难看出，能选防护结构的设计核心在于周期性金属网格和场控开关器件的选择，如何通过不同的组合实现需要的防护性能是一个需要不断探索并反复迭代优化的过程。当然，如果能够事先掌握一些典型结构的基本电磁特性并在此基础上进行二次设计，就可以大大缩短能选防护结构的设计周期，提高设计成功率。因此，本节首先基于等效电路法，阐述能选防护结构的基本设计思路；然后介绍两种基本的能选防护结构形式及其电磁响应特征；最后，详细分析几种典型的能选防护结构设计案例及其潜在应用场景。

4.1.1 基于等效电路模型的能选防护结构设计

本书第 3.2.2 小节介绍了一种典型的能选防护结构实现方式，即"周期性金属网格+场控开关器件"。其中，周期性金属网格作为能选防护结构的"骨架"，其几何构型直接决定了能选防护结构的频率响应特性。因此，在能选防护结构的设计中，金属网格的几何构型设计是一个需要关注的重点。为了方便分析，本小节从等效电路的角度分析几种基本能选防护结构的电磁响应特征，从而为后续的结构设计提供一些参考。根据能量选择自适防护技术的通用设计思想，设计工作的核心是能选防护结构自身波阻抗的场致自适应变换。根据本书第 3.3.2 小节介绍的等效电路模型，在进行等效电路分析时，典型的场控半导体开关器件——PIN 二极管可以等效为集总元件（电阻器、电感器、电容器）的串联或并联形式。因此，对于整个能选防护结构而言，本质上可以采用 LC 谐振网络法分析其在不同状态下的阻抗特征，从而为能选防护结构的设计提供参考指导。

LC 谐振网络中没有损耗时，入射信号虽然产生谐振，但是能量并没有损失，因此信号可以被完美地传输或反射。这一现象与能选防护结构理想的透波和反射特性刚好对应，这也是可以用 LC 谐振网络来等效地指导能选防护结构设计的原因所在。现假设由电感器 L 和电容器 C 构成的 LC 谐振电路如图 4-1 所示，其并联谐振阻抗 Z_{PLC} 和串联谐振阻抗 Z_{SLC} 可分别表示为

$$Z_{PLC} = j\omega L \parallel 1/(j\omega C) = \frac{j\omega L}{1-\omega^2 LC} \tag{4-1}$$

$$Z_{SLC} = j\omega L + 1/(j\omega C) = \frac{1-\omega^2 LC}{j\omega C} \tag{4-2}$$

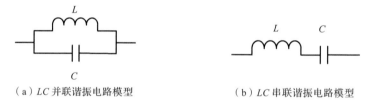

（a）LC 并联谐振电路模型 　　　　　　　（b）LC 串联谐振电路模型

图 4-1　两种简单的 LC 谐振电路模型

可以看出，在谐振频率 $\omega = 1/\sqrt{LC}$ 处，并联 LC 谐振电路的阻抗为无穷大，串联 LC 谐振电路的阻抗为无穷小；而在谐振频率之外，情况则正好相反，即并联 LC 谐振电路的阻抗为无穷小，串联 LC 谐振电路的阻抗为无穷大。显然，具有高阻抗的 LC 谐振状态可以用来设计能选防护结构的高阻抗状态，而具有低阻抗的 LC 谐振状态可以用来设计能选防护结构的低阻抗状态。由于 PIN 二极管的等效电路对应的集总元件主要为电容器和电感器，因此可以通过巧妙的设计，将 PIN 二极管在不同开关状态下的等效阻抗结合到 LC 谐振电路的设计中，通过 PIN 二极管开关状态的变换，实现 LC 电路谐振状态的变换，从而实现能选防护结构高、低阻抗的自适应变换。根据能选防护结构在不同状态下的等效电路模型，能够实现在高、低阻抗状态间变换的电路理论上可以分为 4 种基本类型，

如图 4-2 所示。其中，类型 I 是将并联 *LC* 电路从谐振状态转化为非谐振状态；类型 II 是将串联 *LC* 电路从非谐振状态转化为谐振状态；类型 III 是将 *LC* 电路从并联谐振状态转化为串联谐振状态；类型 IV 是将 *LC* 电路从串联非谐振状态转化为并联非谐振状态。

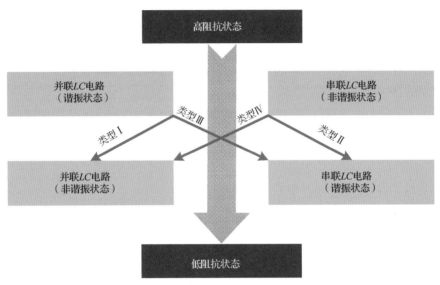

图 4-2　能选防护结构高低阻抗变换等效电路拓扑结构示意图

在图 4-2 所示的 4 种等效电路拓扑结构中，类型 I 和类型 II 最简单，因为它们不涉及谐振电路结构的变换，是实际工程设计中主要采用的模式。接下来以类型 I 和类型 II 为例，讨论电路参数的变化对电磁波传播特性的影响。具体来说，类型 I 是将并联 *LC* 电路从谐振状态转化为非谐振状态。因此，在实际工作过程中，针对高、低能量强度信号，该电路将 PIN 二极管作为并联 *LC* 电路的电容部分，在低能量强度信号通过时产生一个通带，而当高能量强度信号通过时，电容转化为电感，此时信号通带被破坏，将高能量强度信号反射，其等效电路模型和对应的电磁传输特性如图 4-3 所示。对于该电路结构，其工作频率 f_0 和 3 dB 工作带宽 BW_{3dB} 可以通过式（4-3）得到：

$$\begin{cases} f_0 = \dfrac{1}{2\pi\sqrt{L_p(C_d + C_p)}} \\ BW_{3dB} = \dfrac{1}{\omega_0(C_d + C_p)r} \end{cases} \tag{4-3}$$

式中，L_p 和 C_p 分别表示并联 *LC* 电路的电感值和电容值；r 表示并联电感 L_p 的寄生电阻；C_d 为结间电容，表示二极管在截止状态下的等效电容值；L_d 和 R_d 分别表示二极管在导通状态下的等效电感值和等效电阻值。

可以看出，PIN 二极管的等效电容值及电路结构的电容值、电感值都要比较小才能使此电路适合在微波高频段工作。另外，工作带宽与电容值负相关，即电容值越大，电路的工作带宽越小。因此，综合来看，无论是为工作频率还是工作带宽考虑，实际设计过程中都要求 PIN 二极管的 C_d 较小。

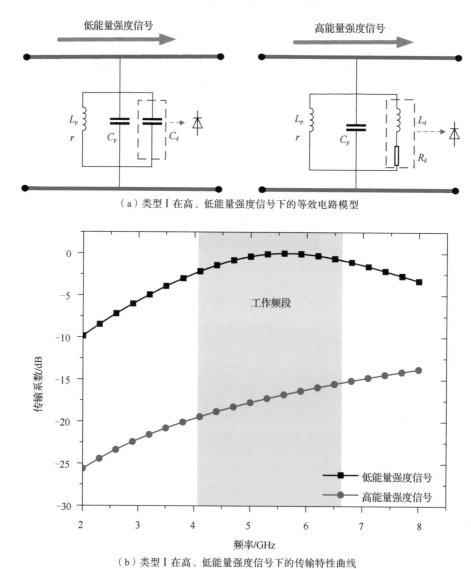

（a）类型 Ⅰ 在高、低能量强度信号下的等效电路模型

（b）类型 Ⅰ 在高、低能量强度信号下的传输特性曲线

图 4-3　类型 Ⅰ 的等效电路模型及电磁传输特性

与类型 I 的电路结构不同，类型 II 的电路结构是将串联 LC 电路从非谐振状态转变为谐振状态。具体而言，就是将 PIN 二极管作为串联 LC 电路的电容部分，在谐振频率处产生一个阻带，用来实现强电磁能量防护，其等效电路模型和对应的电磁传输特性如图 4-4 所示。图中，L_s 和 C_s 分别表示串联 LC 电路的电感值和电容值；C_d 表示二极管在截止状态下的等效电容值，L_d 和 R_d 分别表示二极管在导通状态下的等效电感值和等效电阻值。

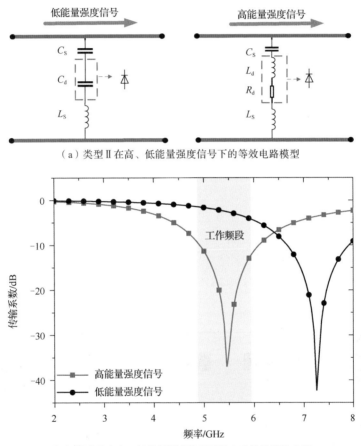

（a）类型 II 在高、低能量强度信号下的等效电路模型

（b）类型 II 在高、低能量强度信号下的电磁传输特性曲线

图 4-4　类型 II 等效电路模型及电磁传输特性

随着 PIN 二极管开关状态的变化，类型 II 的谐振频率会发生偏移，即该结构对于电磁波的通带会发生偏移。此时，对于某一个固定的工作频段而言，该结构就可以实现对电磁波的透波和防护两种状态。从图 4-4（b）所示的电磁传输特性曲线可以直观地看出，为了更好地区分能选防护结构的透波和防护两种工作状态，

通常要求该结构的两个谐振频率（PIN 二极管导通、截止两种状态下的谐振频率）在频谱上的距离越远越好，这有利于能选防护结构获得更好的插入损耗、防护效能等指标。然而，要实现较大的频段搬移，就要求 PIN 二极管的等效电容值很小。另外，在一些微波高频段的能选防护结构设计中，因为金属结构本身的等效电路参数值很小，所以谐振频率、工作带宽参数值的变化非常敏感。因此，对于一些微波高频段的应用场合，应用等效电路法指导能选防护结构的设计时，必须充分考虑器件寄生参数的影响，这在实际设计过程中需要通过数值仿真、实验测试等手段多次迭代优化，以获得准确的器件等效模型。

4.1.2 两种基本的能选防护结构

根据第 4.1.1 小节介绍的能选防护结构等效电路的设计思想，为了使能选防护结构在不同工作状态下表现出截然不同的电磁波传输特性，本质上就是要设计一种具备大范围谐振频率搬移能力的电磁结构。根据搬移对象的不同，谐振频率搬移可分为"阻带搬移"和"通带搬移"两种基本形式，下面分别予以介绍。

1. 频域低通型能选防护结构

图 4-5 展示了一种"十"字形的能选防护结构，这是一种典型的频域低通型能选防护结构。该结构中，开关二极管加装在"十"字形金属网格上，利用场控开关二极管的开关状态变化可以实现对能选防护结构自身波阻抗的自适应调控，进而调控该结构对于电磁波的传输特性，实现对强电磁攻击的自适应防护。

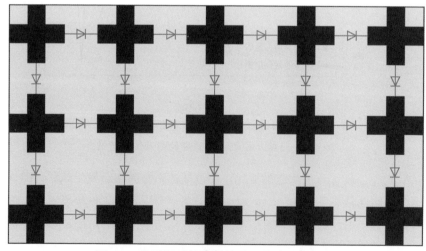

图 4-5 典型频域低通型能选防护结构示意图

实际上，该结构在本书第 3.2.2 小节就已出现过，其波阻抗特性曲线如图 3-13（b）所示。从该结构的波阻抗特性曲线可以看出：对于透波状态，随着工作频率的升高，能选防护结构的波阻抗呈现出逐渐变小的趋势，其与空间波阻抗的匹配效果逐渐变差，即透波状态主要适用于低频段，高频段是其"阻带"；而对于防护状态，虽然整体上能选防护结构的波阻抗与空间波阻抗都处于严重失配状态，但随着工作频率的升高，能选防护结构的波阻抗是有逐渐变大的趋势的，这一趋势刚好与透波状态相反。这里需要特别说明的是，图 3-13（b）展示的阻抗特性曲线仅是针对某一特定结构的仿真结果，与金属网格的尺寸、开关二极管的类型紧密相关。为了不失问题分析的一般性，我们更关心这类"十"字形结构在理想情况下的波阻抗变化趋势。参考图 3-13（b）中波阻抗的一般性变化规律，可以预测，"十"字形频域低通型能选防护结构在理想状态下的波阻抗特性曲线应该表现为如图 4-6（a）所示的形式。对应地，该结构对电磁波的传输特性曲线可表示为如图 4-6（b）所示的形式。作为一种典型的频域低通型能选防护结构，我们主要关心其在低频段的电磁响应特征。可以看到，该结构在低频段可以完美地表现出透波与防护两种截然不同的状态。

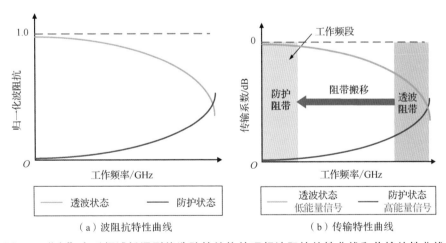

（a）波阻抗特性曲线　　　　　　（b）传输特性曲线

图 4-6　"十"字形频域低通型能选防护结构的理想波阻抗特性曲线和传输特性曲线

实际应用过程中，当低能量强度的电磁工作信号辐照到该能选防护结构上时，由于金属网格上的表面感应电流较小，不足以使开关二极管导通，故此时该结构就是一个离散的金属网格，呈现出对低频段的通带特性和对高频段的阻带特性，若某一被防护的电子信息设备的实际工作频段位于低频段，则工作信号可以低损耗地透过该结构。相对而言，当强电磁信号照射到该结构上时，金属网格上的表面感应电流足够大，会使开关二极管感应导通，此时整个结构就变成了一个连续的金属网格，呈现出对低频段信号的阻带特性、对高频段信号的通带特性，如图 4-6（b）所示。此时，低频的强电磁信号会被隔绝在能选防护结构之外。这一防护过程与金属网格的"阻带搬移"过程有些相似，即开关二极管把金属网格的电磁波阻带从原先的高频段搬移到了低频段，从而实现阻隔低频段强电磁信号的目的。不难发现，若某一电子信息设备的工作频段位于 L 波段或 S 波段等微波的低频段时，这一结构就可以实现对该电子信息设备的带内强电磁攻击防护。并且，由于该结构是通过感应空间电磁波的辐照场强自主控制开关二极管的开关状态的，因此无须额外的人工干预过程就可实现对强电磁攻击的自适应防护。实际上，鉴于高频段强电磁攻击源的制造难度，目前相对成熟的强电磁攻击源主要集中在 L、S 等低频段，因此，频域低通型能选防护结构是目前应用最广泛的一种结构。

综上所述，基于"阻带搬移"思想进行能选防护结构设计的基本思路可以概括为两步：

第一步，设计合理的金属网格构型，在被防护设备的工作频段外产生一个阻带，并在其工作频段内产生一个通带，确保工作信号可以正常通过。

第二步，根据所需的电路元器件参数（等效电容值、等效电感值等）选择合理的非线性场控开关器件，将金属网格的信号阻带从工作频段外搬移到工作频段内，从而实现对强电磁波的反射。

当然，实际的设计过程要比这两个步骤复杂得多，需要对上述两个步骤进行反复的综合迭代优化，以达到满意的电磁性能指标。

实际上，图 4-5 所示的频域低通型能选防护结构的缺点在于插入损耗和防护效能是一对相互冲突的指标，插入损耗越小，则金属结构的阻带频段就越高，就会使后续的阻带搬移愈发困难，增加防护设计的难度，反之亦然。一种可行的优化方案是通过结构设计让金属网格的阻带更加"尖锐"，从而在不改变防护效果的前提下减小插入损耗，但是这种方法会在一定程度上牺牲防护带宽。

2. 频域带通型能选防护结构

图 4-7 展示了一种典型的频域带通型能选防护结构，该结构的每个阵列单元由四枝节的金属缝隙加 4 个开关二极管构成。

当低能量强度的电磁波照射到该结构上时，金属表面的感应电流较小，不足以使开关二极管导通，此时开关二极管处于截止状态，等效为电容，与金属结构谐振，产生一个信号通带，该通带即为该结构的工作频段。当强电磁波辐照到该结构上时，开关二极管会被金属结构的表面感应电流诱发导通，缝隙被短路，信号通带变窄，并且被搬移到更高的频段，此时原金属结构对应的工作频段内的电磁波将被反射。理想情况下，该结构对电磁波的传输特性曲线如图 4-8 所示。这一电磁特征意味着，对于某一电子信息设备而言，若其工作频段与金属结构原本的信号通带重合，通过对该结构加装开关二极管就可以有针对性地实现带内强电磁防护。另外，由于该结构是根据入射电磁波的能量强度或者场强感应开启的，因此是一种理想的射频前门防护手段，可实现电子信息设备工作信号收发与强电磁防护的功能"兼容"，这也是能量选择自适应防护技术的优势所在。当然，对于一些非带内攻击的场合，即当强电磁攻击与电子信息设备的工作频段不重合时，也可以通过灵活调控该结构的防护阻带和透波通带实现有针对性的带外防护功能。考虑到传统的频域滤波器、频率选择表面等手段都可以滤除带外攻击，本书介绍能选防护结构的设计案例时主要考虑针对带内攻击进行防护的情况。

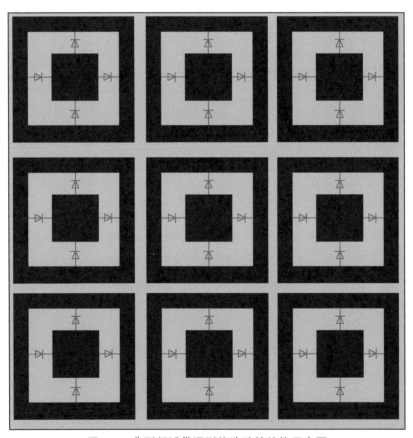

图 4-7　典型频域带通型能选防护结构示意图

从上述的分析过程可以看到，频域带通型能选防护结构的设计思路与前面介绍的频域低通型能选防护结构的设计思路类似，从原理上可以看作一种"通带搬移"，即利用半导体开关器件的状态变化，在强电磁攻击来临时，将能选防护结构的信号通带搬移到被防护设备的工作频段之外。此时，针对电子信息设备的带内强电磁攻击将因处于能选防护结构的信号阻带上，被隔绝在能选防护结构之外。

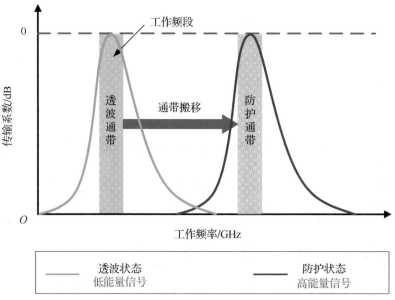

图 4-8　理想情况下，频域带通型能选防护结构的传输特性曲线

与低通型能选防护结构相比，带通型能选防护结构的插入损耗往往更小，因为设备的工作频段完全处于金属网格的信号通带内，在设计良好的情况下，通带中心的插入损耗往往可以接近 0，即电磁工作信号几乎可以无损地透过，这是低通型能选防护结构很难实现的。但是，带通型能选防护结构由于利用了防护结构的谐振特性，故其工作带宽一般无法做得很宽。相对地，低通型能选防护结构由于主要工作在防护结构的非谐振区，故其工作带宽可以设计得很宽。实际工程应用中，根据不同的应用场合和相关指标需求，可在这两种基本结构的基础上进行复合设计，得到电磁特性更丰富的能选防护结构。

4.1.3　两种 S 波段能选防护结构设计案例

在第 4.1.1 小节和第 4.1.2 小节介绍的设计思路基础上，本小节详细介绍两个应用于 S 波段的能选防护结构设计案例。

1. 基于金属贴片阵列的分波段频域带通型能选防护结构

图 4-9 展示了一种更复杂的频域带通型能选防护结构的 3D 模型[1]。该结构由方形金属贴片和方形金属网格这两种互补的金属结构组成。金属贴片以周期性阵列的方式排布于介质基板一侧，基板另一侧排布周期单元尺寸相同的方形金属网格结构，PIN 二极管加装于方形金属贴片之间的缝隙中。

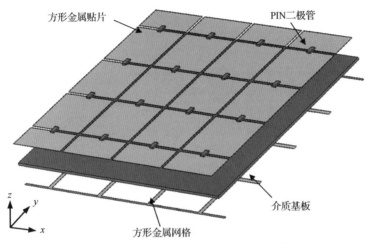

图 4-9 基于金属贴片阵列的频域带通型能选防护结构的 3D 模型

为了得到图 4-9 所示结构的等效电路模型，首先需要分析金属贴片阵列和金属网格阵列的等效电路模型。如图 4-10（a）所示，对于金属贴片阵列而言，若在相邻贴片之间施加图中所示的电磁场，与电场方向垂直的贴片缝隙之间必然会存在感应电势差，故该缝隙可以像电容一样存储电能。鉴于此，电磁场辐照下，与电场方向垂直的贴片缝隙可以等效为一个电容元件。类似地，当同样方向的电磁场施加于金属网格上时，电荷移动将在与电场方向一致的金属线上激励起时变的感应电流，进而产生时变磁场，可以像电感一样存储磁能。因此，在电磁场辐照下，金属网格结构可以等效为一个电感元件，如图 4-10（b）所示。最后，需要说明的是，对于图 4-9 所示的结构，其金属贴片阵列由于宽度较大，故不同贴片之间的缝隙在电场方向上的等效电感效应比较微弱，在实际分析过程中可以忽略不计。现假设有一束 $+y$ 方向极化的均匀平面波垂直入射到该能选防护结构上，其整体等效电路模型如图 4-11 所示。图中，C、L 分别为介质基板上下两层金属结构的等效电容和等效电感，中间的介质基板等效为一段长度为 l_1、特征阻抗为 $Z_1 = Z_0 / \sqrt{\varepsilon_r}$ 的传输线（ε_r 为介质基板的相对介电常数，Z_0 为自由空间波阻抗），Z_{ESS} 为整个结构的等效波阻抗。

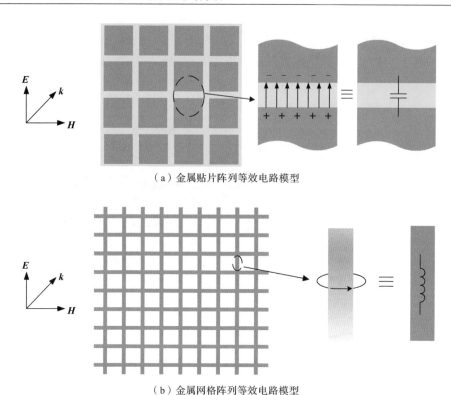

（a）金属贴片阵列等效电路模型

（b）金属网格阵列等效电路模型

图 4-10　金属贴片阵列与金属网格阵列在电磁场辐照下的等效电路模型

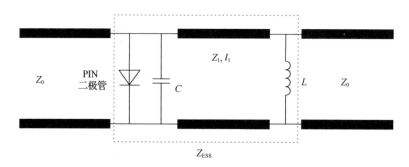

图 4-11　基于金属贴片阵列的分波段频域带通型能选防护结构等效电路模型

根据图 3-22 所示的 PIN 二极管完整稳态等效电路模型，可将图 4-11 所示的等效电路模型进一步简化。当入射电磁波能量强度较小时，金属贴片之间的感应电压较小，不足以使 PIN 二极管导通，此时该结构可等效为图 4-12（a）所示的电路模型；当入射电磁波能量强度足够大时，PIN 二极管将感应导通，此时该结构可等效为图 4-12（b）所示的电路模型。从谐振电路的角度分析，由于 PIN 二极管等效电路参数的变化，这两组电路的谐振频率会有很大的差别。当

PIN 二极管处于截止状态时，该能选防护结构为传输模式，通带频率为电路的谐振频率，该频段的入射波可以低损耗地通过该结构；而当 PIN 二极管处于导通状态时，该结构为防护模式，此时谐振频率会向高频移动，传输模式下的信号通带会关闭，实现对带内强电磁攻击的反射。考虑到许多无线通信系统的中心频率为 2.4 GHz，这里将上述能选防护结构的中心频率设计为 2.4 GHz。经过优化设计，在兼顾插入损耗和防护效能这一对关键指标的前提下，周期单元的几何尺寸最终设定为 $\lambda/12$（λ 为中心频率 2.4 GHz 对应的工作波长），整个能选防护结构的厚度约为 1.2 mm。

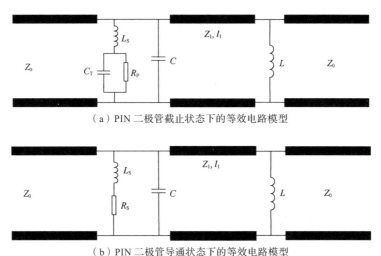

（a）PIN 二极管截止状态下的等效电路模型

（b）PIN 二极管导通状态下的等效电路模型

图 4-12   图 4-11 所示能选防护结构的 PIN 二极管在不同工作状态下的等效电路模型

为了精确分析该能选防护结构的电磁传输特性，在上述定性分析的基础上，进一步利用电磁仿真软件 CST 的周期边界仿真模式，得到线极化均匀平面电磁波从不同入射角度（0°～45°，步进为 15°）照射的条件下，该结构的插入损耗和防护效能曲线，如图 4-13 所示。图中，不同的入射角度表征的是电磁波来波方向与能选防护结构表面法向的夹角，0° 表示电磁波从能选防护结构法向垂直入射的情况。从仿真结果不难发现，在透波状态下，该结构对中心频率 2.4 GHz 附近的电磁波呈现出一种"带通"特性，允许低能量强度的电磁信号低损耗地透过，若设定系统的插入损耗指标为不超过 1 dB，则该结构对应的工作频段为 2.12～2.68 GHz，工作带宽约为 560 MHz。当该结构切换到防护状态时，对低频段的电磁波呈现出一种"带阻"特性，对 2.7 GHz 以下的强电磁防护效能可达 20 dB 以上，即可以将强电磁攻击的能量反射 90% 以上，这对于实际电子信息设备的强电磁防护是十分可贵的。若被防护的电子信息设备工作带宽为 2.12～2.68 GHz，则该结构可以为其提供 20 dB 以上的强电磁防护能力，且对正常工作信号的衰减不超过 1 dB，是一种较理想的 S 波段带内能选防护结构。另外，从仿真结果可以进一步发现，不同的入射角度下，该结构的传输特性曲线没有明显的差异，这表明该结构具有良好的角度稳定性，即对电磁波的入射角度不敏感，这在实际工程应用中也是一个非常实用的优点。

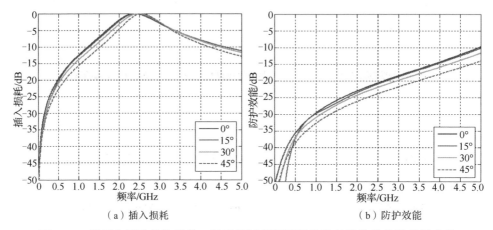

（a）插入损耗　　　　　　　　　　　（b）防护效能

图 4-13　基于金属贴片阵列的 S 波段频域带通型能选防护结构的传输特性曲线

上述定性分析和定量仿真初步验证了基于金属贴片阵列的频域带通型能选防护结构具备 S 波段的自适应性带内电磁防护特性。然而，针对一些实际的工程应用场合，该能选防护结构在结构方面仍有进一步优化的空间。第一，该结构将 PIN 二极管直接加装于两个金属贴片之间，考虑到金属贴片的横向尺寸要远大于两贴片间缝隙的宽度，故 PIN 二极管实际是加装在两个金属贴片之间的金属槽上的。这种情况下，电磁波在不同贴片之间引起的感应电压将分布于整个金属槽的横截面上，而非集中在加装 PIN 二极管的位置，这就会导致实际应用过程中 PIN 二极管很难被外部电磁场辐照导通，极端情况下甚至可能出现金属缝隙电容已被高电压击穿而 PIN 二极管仍没有导通的情况。第二，图 4-9 展示的能选防护结构仅对特定方向的线极化波（电磁波的极化方向与 PIN 二极管取向一致）具备自适应防护能力，而实际工程中的很多电子信息设备的收发天线都是圆极化的，故需要对原有结构进行一定的拓展，使其适合对圆极化电磁波的防护。

为了解决这两个问题，可对上述基于金属贴片阵列的 S 波段频域带通型能选防护结构进行改进设计，最终结构如图 4-14 所示，单个周期单元的总体尺寸与原先的结构基本保持一致，仍为 $\lambda/12$。一方面，对 PIN 二极管加装位置处的金属结构进行了一定的尺寸裁剪，使得感应电压更易向 PIN 二极管的加装位置处集中，降低了 PIN 二极管的场控导通阈值；另一方面，利用圆极化电磁波可以被分解成两个幅度相等、相位差为 90°（或 270°）的正交线极化波这一基本电磁原理，将 PIN 二极管同时加装于一对相互垂直的金属缝隙上，从而实现对圆极化电磁波的防护功能。

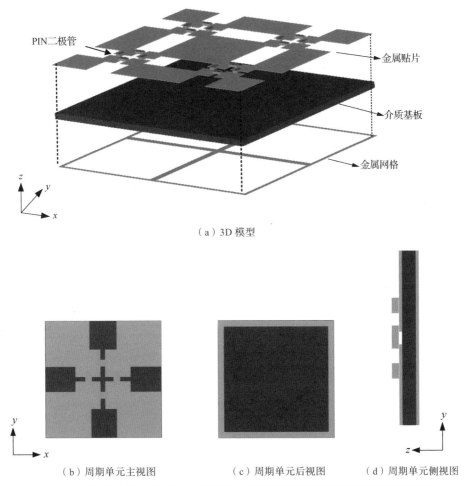

（a）3D 模型

（b）周期单元主视图　　　（c）周期单元后视图　　　（d）周期单元侧视图

图 4-14　改进后的基于金属贴片阵列的 S 波段频域带通型能选防护结构模型

为了验证改进之后的金属贴片感应电场是否更集中于 PIN 二极管的加装位置处，接下来对该结构在水平极化和垂直极化两种平面波垂直照射下的电场分布情况进行仿真，结果如图 4-15 所示。可以看到，改进后的感应电场分布更加集中在 PIN 二极管的加装位置处，这对于提高 PIN 二极管对外部电磁场的响应能力，降低能选防护结构的自适应启动阈值是有意义的。进一步，利用 CST 中的周期边界仿真模式，可得到在线极化均匀平面波从不同入射角度照射的条件下（0°～75°，步进15°），改进后的 S 波段频域带通型能选防护结构的插入损耗和防护效能曲线，如图 4-16 所示。结果表明，垂直入射情况下，改进后结构的 1 dB 插入损耗带宽为 2.13～2.71 GHz，带内防护效能可达到 25.0 dB 以上，较原结构有较大改进。并且，改进后结构的角度稳定性更加优异，能够覆盖的角度范围更广，工程实用性更好。

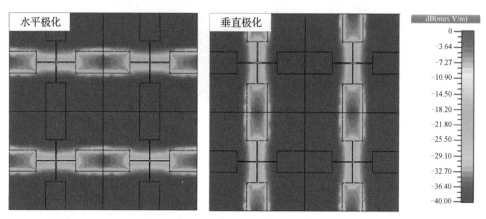

图 4-15 改进后的基于金属贴片的 S 波段频域带通型能选防护结构中上层金属贴片在平面波垂直照射下的电场分布示意图

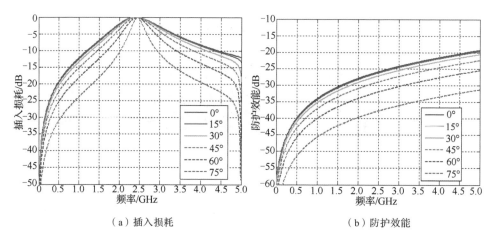

（a）插入损耗 （b）防护效能

图 4-16 改进后的基于金属贴片的 S 波段频域带通型能选防护结构的传输特性曲线

2. 基于线型栅格的超宽带能选防护结构

本书第 4.1.3 小节介绍的基于金属贴片的能选防护结构的相对工作带宽约为 25%。单纯从数值来看，该带宽刚好达到了"超宽带"定义的范畴；但从实际工程应用的角度出发，面对以超宽带侦察、宽带通信等为代表的电子信息设备防护需求，这一工作带宽还是远远不够的。因此，如何扩展能选防护结构的工作带宽也是能量选择自适应防护技术研究的一个重要方面。本小节在第 4.1.3 小节的结构基础上，进一步设计一种适用于 S 波段的超宽带能选防护结构。

图 4-17 展示了一种基于线型栅格的超宽带能选防护结构模型[2]，正面是按一定间距分布的、加装 PIN 二极管的线型栅格结构，连接于两根平行金属横条之间，相邻金属横条之间的窄缝隙将每组相互连接的结构分开；背面采用了方形金属网格。该结构是一种线极化能选防护结构，工作极化方向与 PIN 二极管的空间取向一致。当空间辐照电磁波的能量强度较小时，线型栅格上的感应电压不足以使 PIN 二极管导通，此时该结构的表面阻抗在工作频段内和空间波阻抗匹配，电磁信号能以很小的插入损耗透过。当空间辐照电磁波的能量强度超过安全阈值时，线型栅格上的感应电压能够使 PIN 二极管导通，从而使该结构的表面阻抗和空间波阻抗失配，入射电磁波会被反射，实现对强电磁攻击的防护。

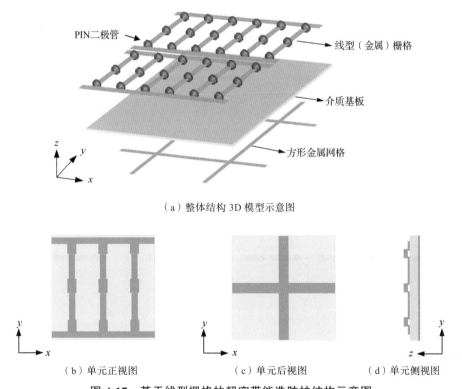

（a）整体结构 3D 模型示意图

（b）单元正视图　　　　　　（c）单元后视图　　　　　　（d）单元侧视图

图 4-17　基于线型栅格的超宽带能选防护结构示意图

假设有一电场方向为+y 方向的均匀平面电磁波垂直照射到该结构上，根据等效电路理论，x 方向的线型栅格缝隙可等效为电容，y 方向的金属线可等效为电感，介质基板等效为均匀传输线，整体结构的等效电路如图 4-18 所示。其中，C 为线型栅格缝隙的等效电容，L_{11} 和 L_{12} 为金属线的等效电感，L_2 为背面方形金属网格的等效电感，Z_1 为介质基板等效传输线的特征阻抗，C_T、R_P、L_S 分别为 PIN 二极管的结电容、寄生电阻和封装电感。

下面从谐振电路的角度定性分析该结构具有超宽带传输特性的原因。首先，从电路模型的角度分析可知，图 4-18 中的虚线框 1 内可以看作一个高通滤波器，虚线框 2 内是一个低通滤波器，这两部分由特征阻抗为 Z_1、长度为 l_1 的传输线连接。若可以合理设置电路中的集总元件参数，就可以控制这两个滤波器的截止频率，从而在这两个滤波器的通带之外有针对性地设计一个宽阻带。在弱场情况下，PIN 二极管等效为集总电容，虚线框 1 中的电容效应强于电感效应，整体可以相当于一个电容。类似地，虚线框 2 可以等效为一个电感，此时整个结构以 3 GHz 为中心形成一个带通滤波器。而在强场条件下，PIN 二极管感应导通，虚线框 1 中由于 PIN 二极管引入的电容效应消失，整个系统的谐振频率发生偏移，以 3 GHz 为中心形成阻带，对强电磁波起到屏蔽作用。

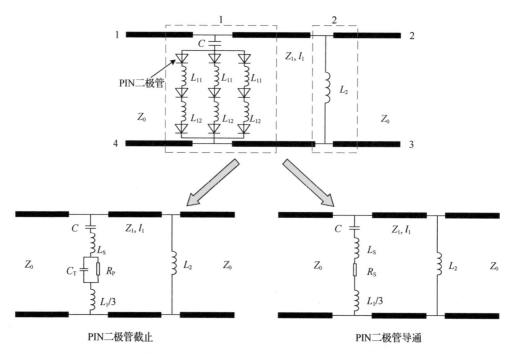

图 4-18 基于线型栅格的超宽带能选防护结构等效电路模型

为了验证以上分析的正确性，使用 ADS 和 CST 两种仿真软件对该结构分别进行了等效电路仿真和电磁全波仿真，得到的插入损耗和防护效能曲线如图 4-19 所示。从仿真结果可以看到，基于 ADS 的等效电路仿真结果与基于 CST 的电磁全波仿真结果的吻合度较好，从一定程度上验证了图 4-18 所示等效电路模型的准确性。另外，从图 4-19 可以看到，透波状态下，该结构呈现"带通"特性，1 dB 的插入损耗带宽为 2.28～3.81 GHz，相对工作带宽超过了 50%；防护状态下，该结构在 2.28～3.81 GHz 这一频段呈现出"带阻"特性，防护效能达到 15 dB 以上，展现出良好的带内防护能力。与本书第 4.1.3 小节中基于金属贴片阵列的能选防护结构相比，该结构的工作带宽扩展了将近 1 倍，具有更好的超宽带应用前景。

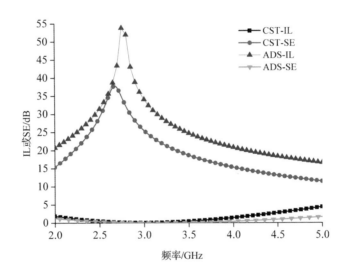

图 4-19　基于线型栅格的超宽带能选防护结构传输特性仿真结果

图 4-20 展示了该结构在透波状态和防护状态下表面电场分布的仿真结果。可以看到，入射电磁场较弱时，PIN 二极管处于截止状态，该结构工作在透波模式，电场能量集中分布在 PIN 二极管附近，此时 PIN 二极管的结电容与 y 方向金属线的等效电感产生谐振，电磁波被二次辐射至该结构下方，损耗较小；当该结构受到强电磁辐照时，PIN 二极管导通，该结构工作在防护模式，此时电场能量集中分布在 x 方向线型栅格的缝隙之间，很难二次辐射电磁波，而是将其反射至来波方向，从而实现对强电磁攻击的防护。

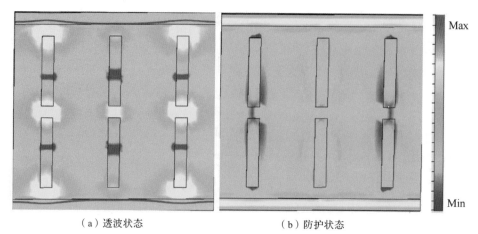

（a）透波状态　　　　　　　　　　（b）防护状态

图 4-20　基于线型栅格的超宽带能选防护结构表面电场分布的仿真结果

4.1.4 "能量选择+频率选择"复合防护结构设计案例

如前所述，能选防护结构的主要优势是可以实现电子信息设备射频前门的带内收发兼容防护。然而，实际的工程应用中，一些电子信息设备除了有强电磁防护的需求之外，往往还有隐身、抗干扰等方面的需求。因此，本小节以能量选择表面和频率选择表面为基础，介绍一种复合型能量选择防护结构。

为了在兼容工作信号收发与带内强电磁防护的同时，消除带外的电磁干扰，有学者提出可以将能量选择表面与频率选择表面结合，综合利用两者的优势。图 4-21 展示了一种"能量选择+频率选择"（简称"能选+频选"）复合防护结构[3]。其中，能量选择表面为一个 12×12 规模的带阻型条形结构，频率选择表面是一种基于方环和"十"字形结构的带通型周期性结构。

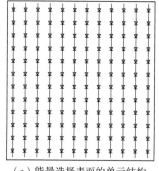
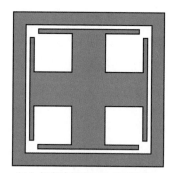

（a）能量选择表面的单元结构　　　　（b）频率选择表面的单元结构

图 4-21　"能选+频选"复合防护结构模型（电磁波沿+z 方向传播）

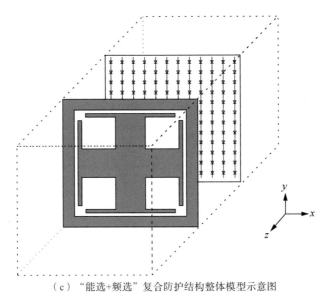

（c）"能选+频选"复合防护结构整体模型示意图

图 4-21 "能选+频选"复合防护结构模型（电磁波沿+z 方向传播）（续）

当入射波为低能量强度的电磁波时，开关二极管截止，能量选择表面处于透波状态，允许电磁波低损耗地透过并照射到后面的频率选择表面。当电磁波照射到频率选择表面时，感应电流既能沿着方环流动，也能通过方环和"十"字形之间的缝隙相互耦合。从等效电路的观点来看，"十"字形 4 臂的终端等效于电容，"十"字形和方环等效于电感，如此就形成了一个分布式的空间阻抗网络，可在多个频点产生谐振，实现多通带的频率选择。而在强电磁波照射条件下，开关二极管感应导通，此时前面的能量选择表面处于防护状态，阻止强电磁波照射频率选择表面，实现能量选择。

图 4-22 给出了开关二极管导通前后该复合防护结构的电磁传输特性。当开关二极管截止时，该复合防护结构的传输衰减很小，总体呈现频率选择表面的滤波特性，具有 2 个信号传输通带，中心频率分别为 2.2 GHz 和 6.1 GHz，插入损耗分别为 0.1 dB 和 0.05 dB；当开关二极管完全导通时，该复合防护结构的传输衰减很大，总体呈现能量选择表面的屏蔽特性，带内外衰减均大于 15 dB。由仿真结果可以看出，该复合防护结构对电子信息设备工作频段内低能量强度的工作信号呈现带通特性，对高能量强度的强电磁攻击则呈现带阻特性；而对于带外的干扰信号，无论开关二极管是否导通，均呈现出带阻特性。这一特性表明，该复合防护结构能够在兼容强电磁防护与正常信号收发的同时，有效地去除带外干扰，提高电子信息设备运行的安全性和可靠性。需要说明的是，这里展示的结构只是能量选择表面与频率选择表面的简单级联，仅作为一种可行性的尝试和验证，二

者独立工作，相互之间没有耦合，因此体积较大。实际应用过程中，仍需根据具体设备的外形特征需求进行改进设计。

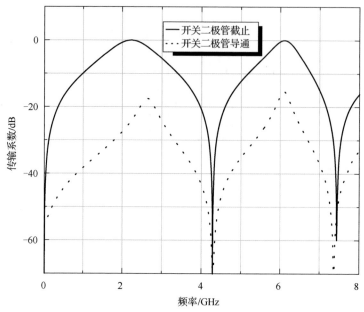

图 4-22　开关二极管导通前后"能选+频选"复合防护结构的电磁传输特性

4.2　能选防护结构的通用测试方法

本书第 4.1 节介绍了几种典型的能选防护结构设计案例，对于这些结构的电磁特性分析都是通过电磁仿真的手段展开的。然而，实际工程应用中，必须要对这些结构的电磁特性进行测试验证才能使其具备工程应用的条件。因此，本节介绍一些针对能选防护结构的通用测试方法。

在能选防护结构的电磁特性实验测试中，插入损耗和防护效能这两个指标是关注的重点，这是描述能选防护结构工作特性的两个核心指标。截至本书成稿之日，能选防护结构的性能指标测试还没有专用的测试标准。但是，根据能选防护结构插入损耗和防护效能的定义，我们可以从雷达透波材料和屏蔽材料的测试流程出发，同时参考国标 GB/T 12190 和国军标 GJB 6190—2008 等测试标准，来开展面向能选防护结构的指标测试方案设计。测试过程中，根据激励源输入形式的不同，能选防护结构的通用测试方法大致可以分为自由空间测试法和传输线注入测试法两个大类，下面分别予以具体介绍。

4.2.1　自由空间测试法

自由空间测试法就是在本书第 3.3.3 小节介绍的理论基础上发展起来的一种测试电磁材料透波与防护性能的测试方法。根据实验配置的不同，自由空间测试法通常可分为屏蔽箱开窗法、吸波墙开窗法和吸波腔法 3 种，下面分别介绍它们的测试原理和流程。

1．屏蔽箱开窗法

图 4-23 展示了屏蔽箱开窗法的测试原理。其中，金属屏蔽箱正面开窗，待测样件应与金属屏蔽箱的窗口完美贴合（无缝隙）。通常，金属屏蔽箱窗口的正前方放置发射天线，金属屏蔽箱内部放置接收天线，窗口中心与发射天线、接收天线的中心位于同一水平高度。发射天线和接收天线的极化方式应相同，一般为垂直极化，并且要合理设置金属屏蔽箱的尺寸、金属屏蔽箱窗的大小、发射天线和接收天线的位置与距离等参数，以达到较好的测试效果。其中，值得注意的是，发射天线、接收天线与待测样件的距离应该满足天线的远场测试条件，这对宽带测试场景尤为重要。这就意味着对于不同的测试频率，金属屏蔽箱的尺寸要随着具体的测试需求适当调整。另外，在发射天线和接收天线之外，还需要在待测样件附近专门放置一个对照天线，用于对空间辐照场强进行校准和标定。对照天线一般仅在强场辐照试验下使用。最后，根据电磁材料防护效能的测试要求，整个测试过程应在暗室内进行，以尽量降低环境噪声的影响。

在测试之前，还需要对整个系统不同设备之间的连接性进行检查，为保证有效地发射和接收信号，一般要求整个系统的回波损耗控制在-10 dB 以下。这里需要特别说明的是，在弱场辐照条件下能选防护结构的插入损耗测试中，由于辐照功率较小，可以省略图 4-23 中的耦合器、衰减器等设备。但是，对于强场辐照条件下能选防护结构的防护效能测试，由于辐照功率较大，则必须要有耦合器、衰减器等辅助测试设备，以防止过大的电磁能量破坏测试设备。

（1）插入损耗测试

插入损耗测试主要测试弱场辐照条件下，待测样件对于电磁波的损耗。其中，辐射源可直接利用矢量网络分析仪内置的信号源，通过测量加装待测样件前后，矢量网络分析仪的 S 参数中 S_{21} 的变化情况获得插入损耗值。完成系统搭建和前期检查后，一般分以下 4 步对待测样件进行弱场条件下的插入损耗测试。

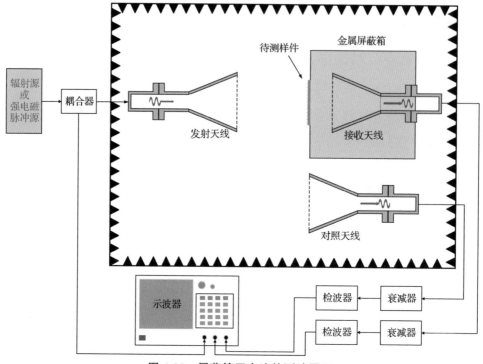

图 4-23　屏蔽箱开窗法的测试原理

第一步，按照图 4-23 所示结构搭建测试场景。其中，辐射源用矢量网络分析仪代替。矢量网络分析仪的两个端口分别连接发射天线和接收天线。此时，衰减器、耦合器等辅助测试设备可省略。

第二步，直通校准。在金属屏蔽箱窗口无遮挡时，通过矢量网络分析仪进行直通校准，将系统的传输系数 S_{21} 归零。

第三步，测试传输系数。在金属屏蔽箱窗口上固定待测样件，通过矢量网络分析仪测试该环境下系统的传输系数 S_{21}。

第四步，数据判读。根据第三步的测试结果，得到加装待测样件后的传输系数测试数据之后，即可按照插入损耗的计算方法得到待测样件对于弱场电磁信号的插入损耗。另外，通过示波器还可对比得到经过待测样件前后信号波形的变化情况。

（2）防护效能测试

能选防护结构在强电磁攻击下的防护效能测试，一般采用高功率微波辐照的方法进行。通常，强场辐照测试系统的设计和搭建过程较为复杂，需要重点注意以下 3 个方面。

第一，高功率条件下人员和设备的电磁安全。为防止高功率信号的反射，同时避免待测样件被烧毁，应将测试地点选在密闭暗室或开阔场，测试人员和精密仪器应当位于屏蔽室，发射天线、接收天线、场强探头、线缆及负载等的功率容量必须满足要求，待测样件与发射天线的距离应足够远。

第二，待测样件性能测试方法。与小信号稳态测试过程相比，高功率发射机输出高达兆瓦量级的电磁信号时，系统的可重复性和测量准确度会相对较差，此时如果对加装待测样件前后的接收信号进行对比，多次测量的结果可能存在较大差异。为提高测量准确度，应当确保测试组和对照组同步接收强电磁辐照，并实时监测空间入射场和经过待测样件后的透射场。

第三，测试系统的动态范围和校准。因为待测样件和测试仪器的距离比较远，为了能在弱场条件下和待测样件完全导通时有效地监测到系统状态，必须采用低损耗的线缆。除此之外，空间场强也需要校准。由于待测样件距离发射源较远，且常规场强探头的最大可承受场强有限，因此一般采用波导同轴转换器或者标准增益天线进行场强校准。

在完成辐射源搭建后，按照图 4-23 搭建好测试场景，然后对测试通路进行前期校准和检验。完成所有准备工作后，即可开始测试强场辐照下能选防护结构的防护效能指标。该测试通常分为以下 4 步。

第一步，校准信号功率和场强幅度。首先，通过矢量网络分析仪测试线缆接头的传输衰减功能，对监测天线通道和样品加装通道内的信号功率同时进行校准。然后，根据天线系数和波导同轴转换因子计算接收信号幅度与空间场强的对应关系，实现场强校准，并做好记录。

第二步，校准不加装待测样件时的辐射场强。测试时，首先根据系统的指标参数，合理选取高、中、低 3 种典型的发射功率，记录每次测试得到的接收信号，然后根据信号功率与场强的换算关系，分别计算出第一组场强数据。根据发射功率、发射天线因子以及接收距离计算入射场，可以得到第二组场强数据。将两组场强数据进行对比，验证第一步中场强校准的准确度。

第三步，测试待测样件的自适应防护性能。将待测样件固定在金属屏蔽箱正前方，辐照时由低到高逐渐增加发射功率，通过示波器实时记录接收天线的信号功率。

第四步，接收天线在没有加装待测样件时接收到的功率（见第二步）和加装待测样件后接收到的功率（见第三步）的比值，即待测样件在对应场强辐照下的防护效能指标。

按照上述测试流程，当第三步发射功率增加的步进足够小时，可测得待测样件在强场辐照环境下，自适应防护的启动与变化过程，从而估算出待测样品的自适应防护启动阈值参数。另外，还可以利用示波器的波形记录功能，对比待测样件在防护状态下入射场和透射场的时域波形，从而估算待测样件的响应时间，并且准确地观察待测样品在防护状态下对于入射波波形的影响。图 4-24 展示了两种典型能选防护结构在强场辐照下的时域响应波形，可以明显地看到能选防护结构对于电磁波的幅度衰减效应。另外，从波形的幅度变化与时间轴的对应关系中也可以进一步得到能选防护结构对于强电磁攻击的响应时间。

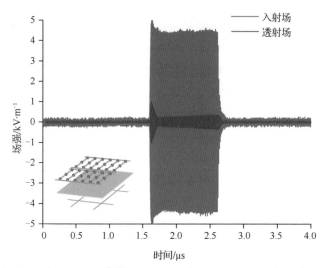

（a）基于线型栅格的超宽带能选防护结构在矩形脉冲下的时域响应波形

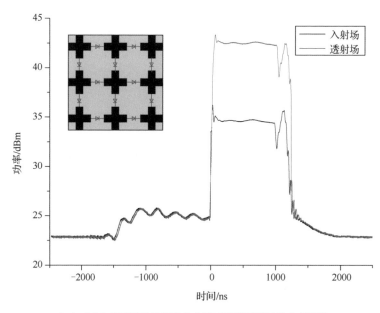

（b）"十"字形能选防护结构在矩形脉冲下的时域响应波形

图 4-24　两种典型能选防护结构在强场辐照下的时域响应波形

2. 吸波墙开窗法

采用屏蔽箱开窗法进行测试时，金属屏蔽箱表面的感应电流会对整个测试结果产生一定的影响，即金属箱体表面的感应电流会随着窗口处待测样件的状态转变而发生变化。此时，即使测试频率避开了金属屏蔽箱的谐振点，也难以采用直通校准的方法完全消除感应电流带来的影响。

为有效消除金属屏蔽箱表面感应电流带来的附加影响，可采用吸波墙开窗法进行测试。图 4-25 展示了吸波墙开窗法的测试原理，其基本实验场景与屏蔽箱开窗法相同，不同之处仅在于待测样件的承载平台。图中，用角锥形宽带吸波材料搭建了一个吸波墙，吸波墙中心开口，用于固定待测样件，发射天线、待测样件、接收天线三者的中心高度处于同一水平线上。另外，为了尽量降低电磁波在吸波墙边缘处绕射的影响，应使待测样件处于吸波墙的中心位置，且吸波墙的尺寸应远大于待测样件的尺寸。

此场景下的测试过程与屏蔽箱开窗法基本相同，本书不再赘述。需要注意的是，在每次测试之前，仍需检查设备线缆的连接情况，并且利用水平仪分别检查收发天线和吸波墙，以确保三者的中心高度处于同一水平线上，同时保证入射波方向与待测样件垂直。

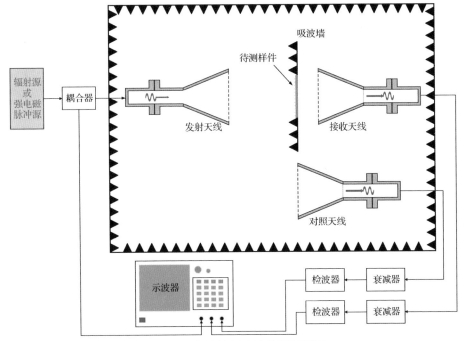

图 4-25　吸波墙开窗法的测试原理

3. 吸波腔法

需要指出的是，不管是屏蔽箱开窗法还是吸波墙开窗法，都无法完全消除电磁波边缘绕射带来的影响。特别是窗口处的待测样件与载体之间，必须进行特殊的连接处理，以减少电磁绕射对测试结果的影响。吸波腔法是一种基于吸波边界的传输特性测试方法。该方法最初由英国约克大学 A. Marvin 教授提出，可以实现传输性能近乎无损的测试，其基本实验原理如图 4-26 所示。与屏蔽箱开窗法和吸波墙开窗法相比，该方法无须对样品边缘与载体进行特殊的连接处理，可有效地简化加工测试步骤，减少样品损伤。

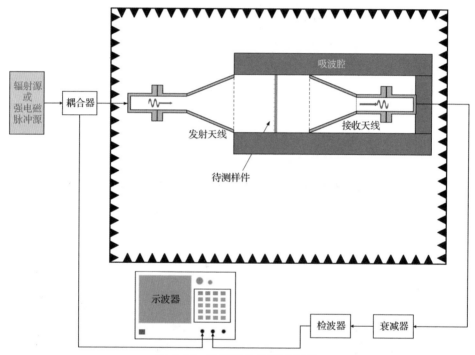

图 4-26　吸波腔法的测试原理

如图 4-26 所示，该方法是将块状吸波材料中心切割出一条矩形通道，用多块吸波材料拼接成一端封闭、一端开放的吸波腔。接收天线放置在吸波腔内部封闭端口处，发射天线放置在吸波腔开放端口外侧（发射天线口面和吸波腔口面保证无缝接触），两个天线的极化方式需保持一致。测试时，为避免边缘绕射的影响，应将待测样件固定于块状吸波材料之间，且与发射天线之间保持一段吸波腔内的距离，以满足天线的远场辐射条件。另外，实际测试过程中，为了便于测试操作及减小水平测试误差，可以考虑将吸波腔垂直放置，将发射天线置于吸波腔顶端，接收天线置于吸波腔底部。文献[4]中展示了一种基于垂直吸波腔的测试场景，如图 4-27 所示。

图 4-27　一种基于垂直吸波腔的测试场景

此场景下的测试过程与屏蔽箱开窗法基本相同，本书不再赘述。

最后，需要注意的是，为了减小测量误差，上述 3 种自由空间测试法需要配合相关测量技术使用。例如，可以通过直通校准的方法去除线缆和测试夹具的影响，或者通过直通-反射-延时（Through-Reflect-Line，TRL）校准技术，将测试参考面直接校准到待测样件加装处，可以准确地测出其传输特性和反射特性。另外，还可通过时域门技术有效地去除加装待测样件造成的反射和吸波墙开窗测试法中吸波墙边缘处的散射。

4.2.2　传输线注入测试法

传输线注入测试法是利用微波传输线结构（如波导、微带线等）作为加装待测样件的载体，根据加装待测样件前后电磁波在传输线中的场量变化来得到待测样件对电磁波的透波特性和损耗特性。一般而言，一套良好的传输线注入测试系统需满足测试频段宽、系统功率容量高、动态范围大等特点。该方法通常用于典型微波器件（如限幅器、滤波器等）的传输特性测试，当然也可以用于能选防护结构的测试。下面介绍几种具体的测试方法及对应的测试系统。

1. 矩形波导法

采用该方法的测试系统（简称矩形波导测试系统）以矩形波导为传输线结构，

待测样件加装于波导内部，既可以用于测试小信号下一般电磁结构（如频率选择表面、能量选择表面）的插入损耗特性，也可以用于测试防护样品在输入大功率时的防护效能。图 4-28 展示了矩形波导测试系统的原理。对于插入损耗的测试，该方法的基本操作步骤与本书第 4.2.1 小节中介绍的屏蔽箱开窗测试法类似，直接利用矢量网络分析仪测试加装待测样件前后，矩形波导的传输系数 S_{21} 的变化情况即可，此处不再赘述。

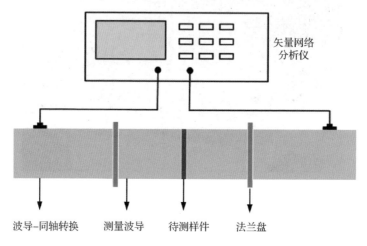

（a）弱场插入损耗测试

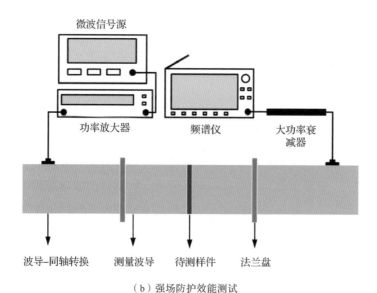

（b）强场防护效能测试

图 4-28　矩形波导测试系统的原理

图 4-29 展示了利用矩形波导测试系统测试能选防护结构防护效能的实验场景，主要测试仪器包括微波信号源、射频功率放大器、标准矩形波导、衰减器及频谱仪等。测试过程中，所需频段的信号由微波信号源产生，并通过功率放大器进入波导输入端，信号透过待测样件后从输出端输出，通过衰减器进入频谱仪实时读数。一般来说，测试应首先从最低功率开始，按照 1 dBm 的步进逐渐加大。测试的过程中要时刻观察衰减器等部件的有无过热或其他异常现象，若有则立刻终止。另外，为了消除整个测试系统自身的影响，应专门进行对照试验，即测试之前首先测试整套系统在未加装待测样件条件下的衰减值，并将其作为系统修正数据加入后续的实验数据处理过程中，以保证测试结果的准确性。这种方法最大的特点是可以利用波导的模式特征产生局部强场，降低测试防护效能时对强场辐照环境的依赖。

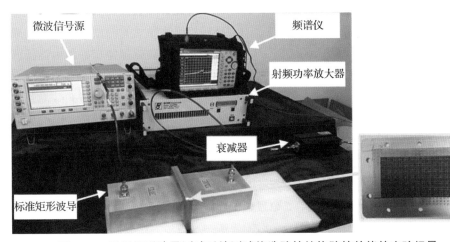

微波信号源　　　　　　　　　　　　　频谱仪

射频功率放大器

衰减器

标准矩形波导

图 4-29　利用矩形波导测试系统测试能选防护结构防护效能的实验场景

需要特别说明的是，由于矩形波导的模式特征，其内部的电磁场并不是均匀平面波，故防护样品的插入损耗和防护效能测试结果与自由空间测试法的测试结果往往会有一定的差异。一般而言，这种差异在对弱场的插入损耗测试过程中表现得不是特别明显。在强场的防护效能测试过程中，主模激励条件下，波导截面中的电场呈正弦分布，中间位置处的场强最大。因此，随着输入功率的增加，防护样品中间部位的半导体开关器件往往更容易感应导通，就会出现本书第 3.1.3 小节中描述的部分开关器件导通、部分开关器件未导通的"过渡状态"，此时测得的防护效能会与空间辐照条件下的测试结果产生较大的差异。实际上，考虑到波导内电磁场分布的不均匀性，测试过程中，想要实现防护样品上所有的开关器件完全导通是比较困难的，经常会出现中间部位的开关器件已经被烧毁，边缘处的开关器件还未导通的情况。

因此，在防护样品的测试中，这种方法多用于弱场插入损耗的测试，对于强场的测试，仅可作为验证防护样品是否具有自适应防护功能的一种策略，并不用它来测量精确的防护效能指标。

最后，利用矩形波导法测试应注意以下两点。

（1）测试参考面与波导-同轴转换接口的距离要足够远，否则测试断面及转换接口处的不连续性会激励起凋落波，影响传输特性的测量。

（2）待测样件边缘必须进行导电处理，否则会影响两端波导自身的电连接特性。

2. 平行双板波导法

当需要扩展待测样件在水平方向上的尺寸时，可以考虑用平行双板波导代替标准波导构建测试系统。平行双板波导采用矩形波导进行馈电，波导上下内壁分别与平行双板相连，上下导电板等宽，传输线两侧加装了吸波材料，测试时待测样件直接放置于平行双板和吸波材料之间。平行双板波导法的测试原理如图 4-30（a）所示，与矩形波导法类似，这里不再赘述，注意加装处保持良好的电连接即可。另外，需要注意的是，由于平行双板波导传输线的两侧为开放边界，故该测试系统不适用于大功率的输入，在实验室环境下无法用于防护样品防护效能的测试，目前主要用于测量防护样品在大功率输入条件下的插入损耗。在实际的应用中，由于平行双板波导横向边界的长度有限，边缘处一般会存在电磁绕射，故平行双板波导形成的 TEM 波区域具有一定的限制，如图 4-30（b）所示。为了避免干扰，传输线两侧往往采用吸波材料来填充，如图 4-30（c）所示，同时应将待测样件放置在平行双板波导的中心位置。

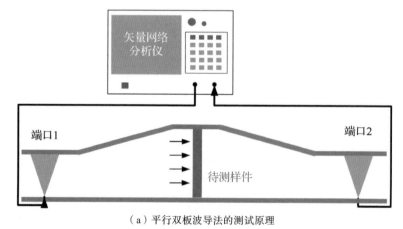

（a）平行双板波导法的测试原理

图 4-30 平行双板波导法的测试原理与电场分布示意图

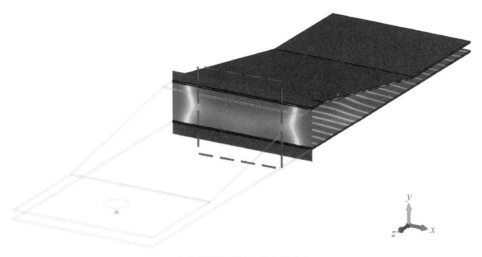

（b）平行双板波导的电场分布

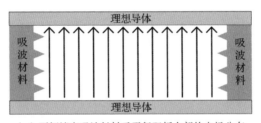

（c）两侧填充吸波材料后平行双板内部的电场分布

图 4-30　平行双板波导法的测试原理与电场分布示意图（续）

4.2.3　两种 S 波段能选防护结构的性能测试

为了验证本书第 4.1.2 小节介绍的两种 S 波段能选防护结构的实际工作性能，下面利用本节介绍的几种测试方法对相关实验样品的插入损耗和防护效能指标进行测试。

1. 改进后的基于金属贴片的 S 波段频域带通型能选防护结构

为了验证图 4-14 所示能选防护结构的实际电磁传输特性，我们利用 PCB 工艺加工了矩形波导测试条件下的待测样件，如图 4-31 所示。其中，待测样件的尺寸为 109.22 mm×54.61 mm，刚好对应标准矩形波导（BJ22，工作频段为 1.72～2.61 GHz）的内截面尺寸。

测试过程中，考虑到矩形波导测试系统的局限性，这里主要测试该结构在弱场辐照条件下的插入损耗指标，结果如图 4-32 所示。与仿真数据相比，透波状态下，信号通带的中心频率向高频偏移了约 87 MHz，且带内插入损耗提升了 0.75 dB，这主要是因为介质基板的实际损耗与仿真相比偏大,从而造成整个结构的阻抗匹配效果变差。

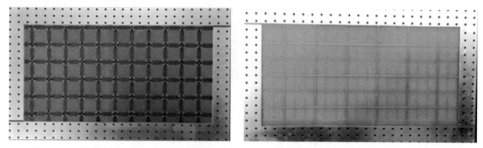

图 4-31　改进后的基于金属贴片的 S 波段频域带通型能选防护结构待测样件实物

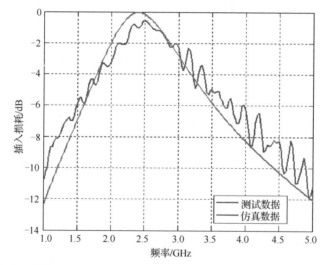

图 4-32　改进后的基于金属贴片的 S 波段频域带通型能选防护结构插入损耗测试曲线

对于该能选防护结构的防护效能测试,此处仅通过矩形波导测试法验证其在空间辐照强度增加时的自适应防护特性,结果如图 4-33 所示。可以看到,PIN 二极管在导通之前,随着输入功率的不断增大,输出功率基本呈线性增长;当输入功率达到 43 dBm 时,输出功率出现明显下降,这表明待测样件上的 PIN 二极管已经逐步开始感应导通,其能选防护结构正在从透波状态向防护状态转变。当然,从前面的分析可以看到,对于矩形波导注入测试系统,由于场分布的不均匀性,此测试过程仅能验证该结构的自适应防护特性,即随着外部场强的增加,该结构产生自适应响应,并起到防护作用的能力。

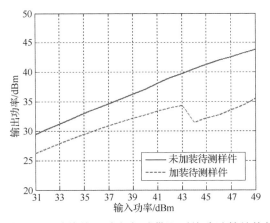

图 4-33　改进后的基于金属贴片的 S 波段频域带通型能选防护结构输出功率随入射功率变化情况的测试结果

2. 基于线型栅格的超宽带能选防护结构

同样，为了验证图 4-17 所示能选防护结构的电磁传输特性，我们利用 PCB 工艺加工了对应的待测样件，样件尺寸为 30 cm×30 cm，如图 4-34 所示。然后，利用自由空间测试法测试了该结构的实际插入损耗和防护效能，结果如图 4-35 所示。

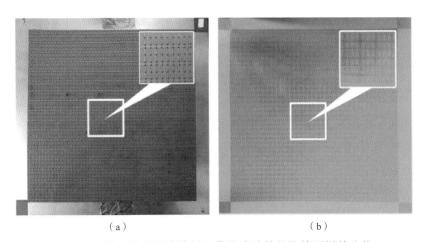

（a）　　　　　　　　　　　（b）

图 4-34　基于线型栅格的超宽带能选防护结构待测样件实物

弱场条件下的插入损耗测试结果如图 4-35（a）所示，与仿真数据整体吻合较好。需要说明的是，测试数据在带内的插入损耗与仿真数据相比稍大 0.5～0.7 dB，可能的原因有以下 4 点。

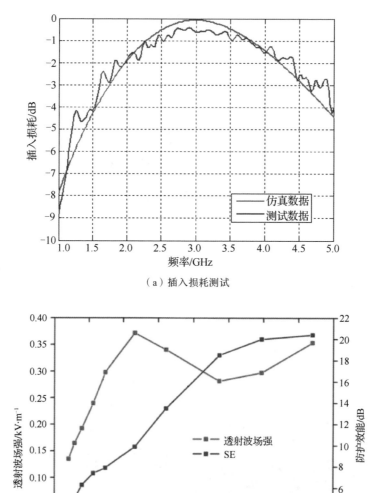

（a）插入损耗测试

（b）防护效能测试

图 4-35 基于线型栅格的超宽带能选防护结构插入损耗和防护效能测试结果

（1）仿真得到的插入损耗是理想自由空间中的，而测试过程中，喇叭天线与待测样件间存在多次反射、散射，会增加插入损耗。

（2）实际加工精度有限，且焊接过程存在连接可靠性问题。同时，介质基板材料的实际损耗比标称数据大也会引入误差。

（3）整个待测样件加装了大量的 PIN 二极管，仿真时会忽略其 I 区电阻的影响。实际上，由于 I 区电阻很大，测试过程中会引入额外的损耗。

（4）实测时，实验人员手动操作，难免会触动接口及线缆，引入微小误差。

强场条件下，为了获得能选防护结构对于外部场的非线性响应，使用调制脉冲对入射电磁波的场强从 0.2 kV/m 到 3.8 kV/m 进行扫描。图 4-35（b）展示了透射波的场强和防护效能随入射波场强变化的过程。首先，透射波与入射波的场强之间并不是单纯的线性变化关系，在入射波场强达到 1.2 kV/m 左右时，透射波场强出现了明显的衰减，这说明待测样件上的 PIN 二极管已经在外部场的作用下感应导通，待测样件已经进入了防护状态。从防护效能曲线可以看出，随着入射波场强的增加，防护效能总体上先逐渐增加，后趋于稳定。当入射波场强达到 3 kV/m 时，防护效能趋于稳定，最大值约为 20 dB。这意味着此时所有 PIN 二极管都已经被完全导通，故防护效能不再随入射波场强的增大而变化。此时测得的防护效能数值即为该结构的饱和防护效能。

该结构的强场时域响应波形如图 4-36 所示。对于强电磁脉冲，该结构能够自适应地响应空间场强的变化，使得透过的波形不超过 300 V/m，起到良好的防护效果。但是，该结构存在大约 50 ns 的响应时间，这主要是因为本次测试中待测样件上 PIN 二极管自身的响应时间较长，导致该结构的整体响应时间偏长。实际工程应用中，可通过选择 I 层更薄的 PIN 二极管来获得更快的响应，从而减小尖峰泄漏。另外，我们所设计的金属结构是否利于表面感应电流聚集也会在一定程度上影响能选防护结构的响应时间。

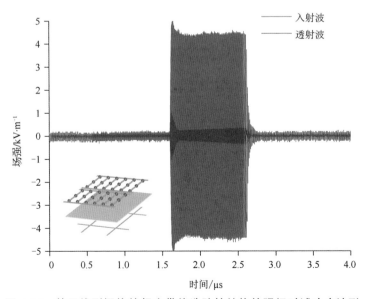

图 4-36　基于线型栅格的超宽带能选防护结构的强场时域响应波形

参考文献

[1] 王珂. 能量选择结构设计与导航防护应用研究[D]. 长沙：国防科技大学，2017.

[2] 虎宁. 新型可调电磁吸波体和强电磁防护结构[D]. 长沙：国防科技大学，2019.

[3] 谭剑锋，杨成，刘培国，等. 能量–频率选择表面级联复合设计与仿真[J]. 中国舰船研究，2015，10(2): 79-83.

[4] Marvin A C, Dawson L, Flintoft I D, et al. A Method for the Measurement of Shielding Effectiveness of Planar Samples Requiring No Sample Edge Preparation or Contact [J]. IEEE Transactions on Electromagnetic Compatibility, 2009, 51 (2): 255-262.

第 5 章　能量选择自适应防护技术——
应用与拓展

本书第 3 章和第 4 章系统地介绍了能量选择自适应防护技术的设计思想、实现架构、仿真分析方法和实验测试流程。为了使读者更好地理解和掌握这一技术，本章从实际工程应用的角度出发，介绍两种关于能量选择自适应防护技术的典型应用案例：能选防护罩和能量选择自适应波导防护器件（简称能选波导防护器件），详细阐述该技术在工程应用过程中的设计思路、设计流程及性能测试与评估，为读者独立开展相关的设计工作提供示范。

5.1　能量选择自适应电磁防护罩

能选防护罩是一种基于能量选择自适应防护技术设计而成的电磁防护罩，一般应用于电子信息设备接收天线前端，可直接替代传统的天线罩，能够在不影响电子信息设备接收天线正常工作的前提下为其提供自适应的强电磁防护功能。因此，从工程应用的角度而言，设计能选防护罩时，除了要关注其本身的电磁传输特性之外，还要重点关注其对于后端接收天线及接收机性能的影响。

5.1.1　能选防护罩的综合设计

北斗卫星导航系统是我国自主发展、独立运行的全球卫星导航系统，不仅可以全天候、全天时地为用户提供连续的高精度定位和时间信息，还具备精确制导等功能，在军事领域具有重要用途。因此，北斗卫星导航系统已成为敌方强电磁干扰和攻击的重点目标。一般而言，强电磁攻击主要通过射频前端的导航接收天线进入系统内部。考虑到导航定位接收系统的灵敏度极高，当其在工作频段上受到强电磁攻击或者邻近设备的无意强电磁干扰时，接收终端可能失去工作能力甚至永久损坏。因此，攻克在不影响工作信号正常接收的情况下有效抵御强电磁攻击的课题，具有重大的意义。本小节基于能量选择自适应防护技术，针对某北斗导航定位接收机天线，设计一种具备收发兼容特性的能选防护罩。这种防护罩可以替代传统的天线罩，为该设备的带内强电磁防护提供支撑。为了不影响导航设备的原有工作性能，设计过程除了要考虑能选防护罩自身的工作性能，还要重点考虑能选防护罩对接收机工作性能的影响。

1. 自适应电磁防护层设计

根据北斗导航系统的工作频率，为了实现针对该系统的带内强电磁防护，能选防护罩设计的核心实际上就是设计一个适用于 L 波段的能选防护结构。另外，考虑到实际的北斗接收机天线的极化方式为圆极化，故设计的能选防护结构也应具备圆极化的特性，才能不影响正常导航定位信号的收发。考虑到圆极化可分解为两个正交的线极化，这里采用经典的"十"字形能选防护结构作为能选防护罩的主体功能层，其基本结构如图 5-1 所示[1]。该结构是一种典型的频域低通型能选防护结构，其电磁传输特性在本书第 4.1.2 小节中已有定性描述。对于北斗导航系统工作的 L 波段而言，该结构能够实现带内强电磁攻击的自适应防护，下面对其具体的电磁传输特性进行分析。

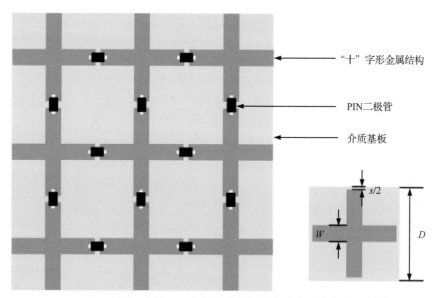

图 5-1　能选防护罩主体功能层（能量选择表面）的基本结构

实际上，该"十"字形结构可以看作由两个相互正交的线极化能选防护结构组合而成。根据等效电路分析法，当入射电磁波的电场方向与其中一个方向一致时，单一线性结构的等效电路模型如图 5-2 所示。图中，L 为金属线的等效电感，C 为金属线间缝隙的等效电容，Z_0 为自由空间波阻抗，介质基板等效为

长度为 l_1（介质基板厚度）、阻抗为 Z_1 的均匀传输线。透波状态下，PIN 二极管处于截止状态，等效电路在 L 波段表现为一个低通滤波器，入射波可以低损耗地通过；防护状态下，PIN 二极管处于导通状态，等效电路在 L 波段的通带变成阻带，入射波难以通过，从而实现防护功能。在上述定性分析的基础上，进一步通过电磁仿真软件 CST 计算得到该结构在透波状态和防护状态下的电磁传输特性仿真曲线，如图 5-3 所示。在整个 L 波段，该结构的插入损耗均小于 1 dB，防护效能均大于 10 dB，具备良好的带内自适应防护能力，且对工作信号的影响较小，基本满足被防护的北斗导航系统的性能指标需求。

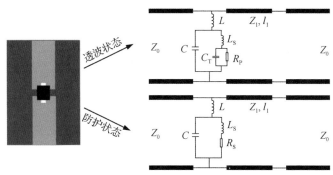

图 5-2　单一线性结构的等效电路模型

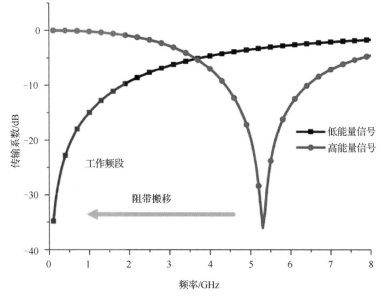

图 5-3　"十"字形能选防护结构的电磁传输特性仿真曲线

2. 能选防护罩铺层优化设计

能选防护罩的加工方式与传统的介质天线罩基本一致，主要差别就是需要在能选防护罩内部嵌入能选防护结构，这也是能选防护罩具备自适应电磁防护功能的核心。常见的天线罩罩壁结构如图 5-4 所示。

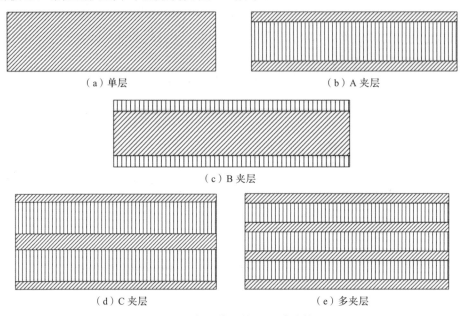

（a）单层　　　　　　　　　　　　　　　　（b）A 夹层

（c）B 夹层

（d）C 夹层　　　　　　　　　　　　　　　（e）多夹层

图 5-4　常见的天线罩罩壁结构

单层罩壁结构的材料组成单一，一般是由一种致密、结构强度大、损耗较小的介质材料制作而成，剖面厚度的电气尺寸一般要求小于天线工作波长的 1/20。实际工程应用中，结合罩体不同位置的入射角度，通过改变厚度设计，可以实现良好的宽角性能和极化稳定性。但是，该结构的工作带宽一般较窄，且质量较大，多用于曲率半径小、工作频率低于 L 波段的天线罩设计。

A 夹层罩壁结构包含两种材料，其上下两层通常为密度和介电常数较大的介质材料，如由石英纤维和树脂组成的复合材料等；中间层为密度和介电常数较小的介质材料，如聚甲基丙烯酰亚胺（Polymethacrylimide，PMI）泡沫、蜂窝材料等。这种罩壁结构在一定入射角度内可以保证良好的透波率，而且质量小、强度高。但是，随着入射角度的增加，该结构的传输特性将变得对电磁波的极化方向较敏感。

B 夹层罩壁结构的构成与 A 夹层罩壁结构相反，上下两层为低密度材料，中间层为高密度材料。相较而言，B 夹层罩壁结构可以实现更宽的透波频段，但是质量也更大。

C 夹层罩壁结构可以看作两个 A 夹层罩壁结构的级联叠加，在 A 夹层罩壁结构特点的基础上，工作频段更宽，宽角极化稳定性也更好。

多夹层罩壁结构是将上述几种结构进行复合级联、整体优化，以实现对透波带宽、宽角极化稳定性、结构强度等特性的优化，但是由于优化变量多，设计难度较大，在实际工程中应用得较少。

基于上述分析，能选防护罩的铺层设计方案是在 C 夹层罩壁结构的基础上，将所设计的能选防护结构嵌于两个 A 夹层罩壁结构之间，整体结构如图 5-5 所示。

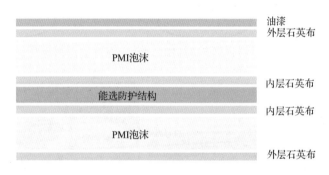

油漆
外层石英布

PMI泡沫

内层石英布
能选防护结构
内层石英布

PMI泡沫

外层石英布

图 5-5　能选防护罩铺层设计方案

该设计方案中，最外层为油漆层，用于防潮、防静电、防腐、美观等；两个 A 夹层罩壁结构的构成相同，其上、下高密度层为由石英纤维与树脂组成的复合材料（图 5-5 中的石英布），且上、下层的厚度相同，中间的低密度层为高强度的 PMI 泡沫，形成对称结构。经电磁全波仿真分析，采用上述设计的能选防护罩的外壳结构具有良好的角度稳定性。

3. 能选防护罩集成设计方案

图 5-6 展示了某北斗导航定位接收机天线的实物模型。能选防护罩安装在天线第一扼流圈的外侧。首先，针对上方来波，能选防护罩的顶层部分采用"十"字形的能选防护结构，以硬质微波基板制成圆形，嵌入顶层的能选防护罩铺层结构中。其次，针对侧面来波，能选防护罩的侧面部分采用与顶层部分相同的设计方案，但此时需以柔性微波基板制成圆柱形的能量选择表面，以更好地与能选防护罩的侧面实现共形。顶层部分与侧面部分的边缘均留有金属焊盘，在两部分组合时可确保整体的电连接。图 5-6 还展示了能选防护罩的集成设计模型。能选防护罩的夹层采用与原天线罩相同的材料，可使由顶层和侧面部分组成的能选防护罩合理地嵌入原天线罩内部。这样就能够在不影响原天线外观与整体尺寸的基础上，与原天线罩实现一体化集成，从而实现产品的原位替代。

同时,由于能选防护罩的侧面部分采用的是柔性微波基板工艺,故需要利用 PMI 泡沫制作等半径的支撑环来固定。按照上述方案,最终制作而成的能选防护罩实物如图 5-7 所示。

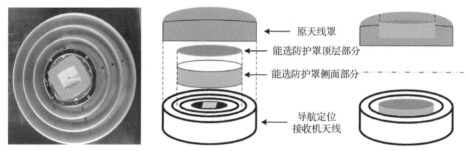

图 5-6　某北斗导航定位接收机天线的实物模型及能选防护罩集成设计模型

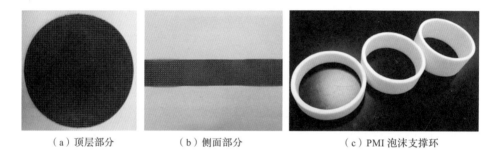

（a）顶层部分　　　　　　　（b）侧面部分　　　　　　　（c）PMI 泡沫支撑环

（d）一体化能选防护罩实物

图 5-7　某北斗导航定位接收机天线能选防护罩实物

5.1.2　能选防护罩对天线性能影响的评估

实际应用中,除了需要关注能选防护罩自身的电磁传输特性之外,更重要的一点是关注其对于电子信息设备原本工作性能的影响。本设计案例中,能选防护罩主要加装于接收天线前端，为了评估能选防护罩对导航定位接收机工作性能的影响，首先需要分析它对接收天线自身性能的影响，这里重点关注加装能选防护罩前后接收天线方向图和轴比等指标的变化情况。

理论上，能选防护罩对天线性能的影响可以通过电磁联合仿真和集成实验测试两种方法进行分析。其中，电磁联合仿真就是将原接收天线与所设计的能选防护罩一体化建模，模拟真实工作环境，然后通过仿真计算获得加装能选防护罩前后天线的工作性能及其变化情况。然而，实际应用过程中，考虑到设备的非合作关系，大多数情况下被防护对象的原始设计模型很难获得，这就给电磁联合仿真带来了一定的障碍。因此，实际工程中，多是通过集成实验测试来评估能选防护罩对天线性能的影响，具体测试环境如图 5-8 所示，主要测试内容为北斗导航定位接收机天线在加装能选防护罩前后的各项指标参数及其变化情况，如方向图、前后比、轴比等。最后，在集成实验测试的基础上，通过数据对比处理和综合分析，研判能选防护罩应用的可行性。

图 5-8　能选防护罩对北斗导航定位接收机天线性能影响的集成实验测试环境

整个测试在微波暗室中进行，所需主要设备包括：天线转台、微波信号源、频谱仪、标准喇叭天线、反射面、低损耗稳相传输线等。测试过程中，将待测天线（包含加装能选防护罩和不加装能选防护罩两种状态）作为接收天线放置于天线转台上，转台的旋转角度起点为接收天线最大辐射方向背对馈源的位置。测试前，需对转台角度进行标定。理想情况下，当转台旋转 180° 时辐射达到最大值。

标准喇叭天线为发射天线，其发射的信号经反射面集中于待测天线。搭建好整套测试系统后，控制转台以固定的角度步进旋转，并测试接收天线的信号。微波信号源与频谱仪分别用于电磁信号的产生与接收，频谱仪的数据通过网线传输到工作计算机进行处理与保存。测试时，根据实际北斗导航定位接收机的信号极化和工作频段，分别从 *X*、*Y* 两个垂直极化方向（称为 X 极化和 Y 极化）和 3 个工作频点（1.268 GHz、1.561 GHz 和 1.575 GHz）开展评估工作。

1. 天线方向图变化情况分析

图 5-9 展示了 X 极化、Y 极化两种状态下、3 个工作频点处加装能选防护罩前后的接收天线功率方向图（根据北斗导航定位接收机的工作特性，这里取天线最大辐射方向左右各 90° 的方向图数据进行对比分析，即转台的旋转角度为 90° ～ 270°）。图中，图例标注的 2 cm、3 cm、4 cm 表示能选防护罩加装位置与接收天线的空间距离。从测试结果可以看到，加装能选防护罩前后，接收机天线的方向图没有发生显著变化。特别地，对于最大辐射方向，加装能选防护罩前后的接收信号功率变化均在 1 dB 以内，各种情况下的具体测试数值如表 5-1 和表 5-2 所示。另外，由图中数据可以发现，1.575 GHz 测试条件下，加装能选防护罩会使接收天线的最大辐射方向产生约 6° 的偏移；并且，当能选防护罩加装高度为 4 cm 时，能选防护罩对接收天线的方向图具有一定的聚束作用，即会略微提高接收天线的方向性。总体来说，虽然实际测试得到的接收天线方向图在加装能选防护罩前后产生了一定的变化，但这种变化较微弱，考虑到实验测试的不确定性，这种误差在实际应用场合中是完全可以接受的。也就是说，通过方向图的测试可以初步得到以下结论：加装能选防护罩不会对接收天线的方向图产生实质性影响。

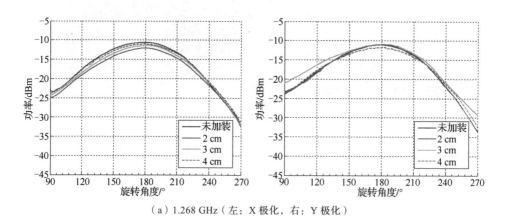

（a）1.268 GHz（左：X 极化，右：Y 极化）

图 5-9　加装能选防护罩前后的接收天线功率方向图

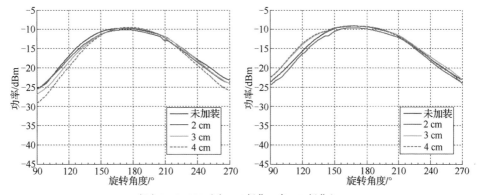

（b）1.561 GHz（左：X 极化，右：Y 极化）

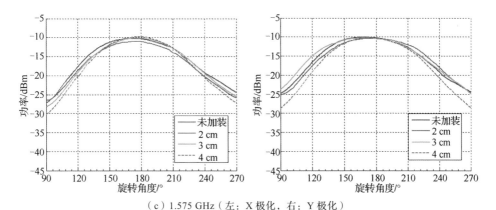

（c）1.575 GHz（左：X 极化，右：Y 极化）

图 5-9　加装能选防护罩前后的接收功率天线方向图（续）

表 5-1　X 极化下各个频点最大辐射方向接收功率（单位：dBm）

频点	无加载	2 cm	3 cm	4 cm
1.268 GHz	−10.68	−11.57	−11.48	−11.12
1.561 GHz	−9.80	−10.22	−9.71	−9.56
1.575 GHz	−10.30	−11.13	−10.24	−9.83

表 5-2　Y 极化下各个频点最大辐射方向接收功率（单位：dBm）

频点	无加载	2 cm	3 cm	4 cm
1.268 GHz	−10.68	−11.57	−11.48	−11.12
1.561 GHz	−9.39	−9.96	−9.33	−9.44
1.575 GHz	−10.08	−10.50	−10.40	−10.14

2. 天线前后比变化情况分析

天线前后比，即天线前后极化增益比，是指主瓣最大辐射方向（旋转角度为 180°）的功率通量密度与相反方向附近（±20°范围内）的最大功率通量密度之比。由于测得的天线辐射功率单位均为 dBm，所以这里仅需将最大辐射方向的功率值与其相反方向最大辐射功率值相减，即为天线前后比。根据北斗导航定位接收机天线手册的设计要求，天线的前后比指标须不低于 20 dB。基于方向图的测试数据，对各种情况下的天线前后比进行计算，得到 X 极化与 Y 极化时天线前后比的变化情况，如表 5-3 与表 5-4 所示。由表中数据可知，能选防护罩在 3 种加装情况下测得的前后比基本上满足"不低于 20 dB"的指标设计要求，个别未能达到的情况也都非常接近 20 dB。所以，综合分析认为，加装能选防护罩对天线的前后比无显著的恶化。

表 5-3　X 极化时天线前后比的变化情况（单位：dB）

频点	无加装	2 cm	3 cm	4 cm
1.268 GHz	21.85	19.41	19.14	20.19
1.561 GHz	22.35	22.58	24.44	23.96
1.575 GHz	22.10	22.77	22.96	24.69

表 5-4　Y 极化时天线前后比的变化情况（单位：dB）

频点	无加装	2 cm	3 cm	4 cm
1.268 GHz	22.53	21.55	20.73	22.01
1.561 GHz	23.44	23.81	28.90	22.41
1.575 GHz	21.02	20.23	22.41	22.59

3. 天线轴比变化情况分析

天线的轴比是指圆极化天线极化椭圆的长轴与短轴之比，主要用来衡量天线的圆极化程度。目前，一般天线设计中大多采用带内轴比小于 3 dB 的标准。由于北斗导航定位接收机的天线是一种圆极化天线，故其轴比是衡量天线性能的一个重要指标。对于本设计案例而言，被防护的北斗导航定位接收机天线关于轴比的设计要求为：在仰角 20°～90°范围内，轴比小于 6 dB。

图 5-10 展示了加装能选防护罩前后，接收天线的轴比测试结果。可以发现，在最大辐射方向左右 20°～90°范围内（对应转台的旋转角度为 110°～250°），

天线的轴比基本满足小于 6 dB 的指标。这就说明加装能选防护罩不会对接收天线的轴比产生显著影响。当然，从测试结果还可以看到，虽然加装能选防护罩没有使天线的轴比超出设计指标要求，但是不同的加装距离对天线的轴比影响是不一样的。综合对比来看，能选防护罩与接收天线的距离为 3 cm 时，对天线的轴比影响最大。从某个角度来说，这意味着能选防护罩的实际工程应用是一个必须不断迭代、优化设计的过程，并不是简单地将能选防护罩加装于接收天线前端就行的，应该根据实际设备的应用需求和性能指标，合理地设计能选防护罩的形式、安装位置、安装方式等。

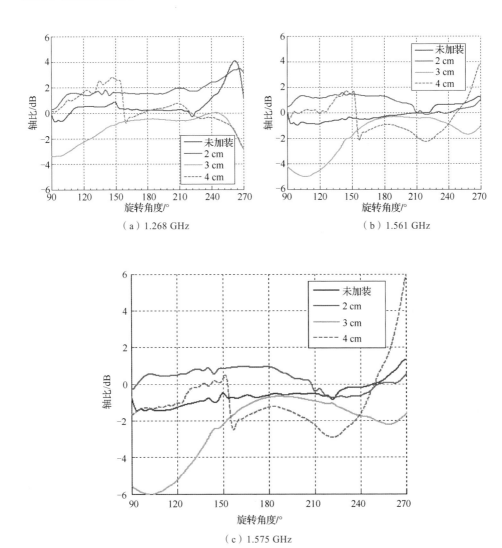

（a）1.268 GHz

（b）1.561 GHz

（c）1.575 GHz

图 5-10　加装能选防护罩前后接收天线的轴比测试结果

综合上述 3 个指标的测试和分析结果，可以初步得出结论：加装能选防护罩不会对北斗导航定位接收机的天线性能产生显著影响。

5.1.3 能选防护罩对接收机定位准确度影响的评估

经过本书第 5.1.2 小节的测试和分析可知，能选防护罩对接收天线的方向图、前后比、轴比等重要指标均无显著影响。由此可推测，能选防护罩的加装应该也不会对北斗导航定位接收机的实际工作性能产生较大影响。当然，这种推测虽然有一定的依据，但实际应用中，能选防护罩与被防护对象的综合性能集成试验验证还是必需的。

对于本案例而言，为了进一步确定能选防护罩对接收机整体工作性能的影响，本小节在北斗导航接收设备的标校基准点进行了对比试验，分别测试了接收机加装能选防护罩与不加装能选防护罩两种情况下的定位数据和接收信噪比。其中，第一组试验不加装能选防护罩，共采集 3689 组数据；第二组试验加装能选防护罩，共采集 3564 组数据。两种情况下的水平定位误差与高程定位误差如图 5-11 所示。从测试结果结合定位准确度评判标准可知，接收机加装能选防护罩前后的定位准确度无明显跳变，且定位误差均在定位理论误差范围内。另外，从图 5-12 可以进一步看到，加装能选防护罩前后，接收机收到的卫星信号载噪比没有明显的差别。因此，经过综合性能集成试验可以得出初步结论：能选防护罩对北斗导航定位接收机的工作性能无明显影响，基本具备原位替换原天线罩的应用条件。

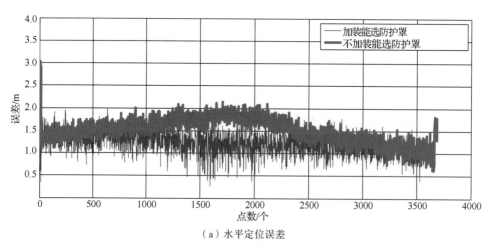

（a）水平定位误差

图 5-11 加装能选防护罩前后接收机的定位准确度分析

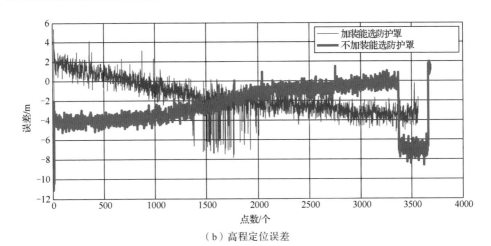

（b）高程定位误差

图 5-11　加装能选防护罩前后接收机的定位准确度分析（续）

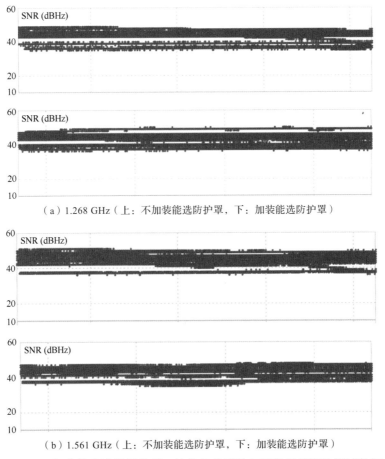

（a）1.268 GHz（上：不加装能选防护罩，下：加装能选防护罩）

（b）1.561 GHz（上：不加装能选防护罩，下：加装能选防护罩）

图 5-12　加装能选防护罩前后，接收机收到的卫星信号载噪比测试数据

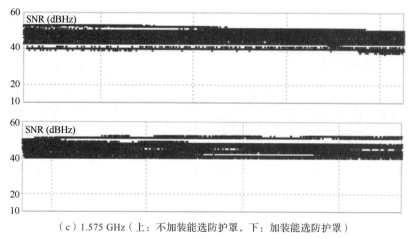

（c）1.575 GHz（上：不加装能选防护罩，下：加装能选防护罩）

图 5-12　加装能选防护罩前后，接收机收到的卫星信号载噪比测试数据（续）

5.1.4　能选防护罩在强电磁攻击下的防护效能评估

由本书第 5.1.2 小节和第 5.1.3 小节可知，加装能选防护罩不会对北斗导航定位接收机的整体工作性能产生明显影响，这是能选防护罩应用的基础和前提。实际上，这也是所有设备应用评估的第一步，即加装的设备不能影响原设备的正常工作。满足这一前提之后，应用评估的第二步就是进一步验证加装的设备能否达到既定的功能效果。对于本案例而言，就是要验证在强电磁攻击下，能选防护罩能否正常发挥自适应防护的作用。为此，需要设计强场实验并开展防护效能的测试评估。

1. 能选防护罩对强场的响应特性测试

为了确定能选防护罩的自适应启动阈值与最大耐受场强（耐受阈值）等指标，采用高功率微波辐照法进行测试，测试系统图如图 5-13（a）所示。为保证安全，测试全程在封闭的微波暗室中进行，测试人员与测试仪器均位于暗室外。测试过程中，由强电磁脉冲源产生测试所需频点（1.268 GHz、1.561 GHz、1.575 GHz）信号，经发射天线向特定方向辐照。为了实时监测信号的变化情况，我们采用对照测试的方式。接收天线位于窗口上加装了能选防护罩的半开半封闭金属屏蔽箱内，用来采集通过能选防护罩的信号强度，对照天线位于与金属屏蔽箱窗口平行的位置，用以实时监测金属屏蔽箱窗口上的信号强度，即能选防护罩的表面入射波场强，金属屏蔽箱与对照天线均放置于距离发射天线足够远处。最后，接收天线和对照天线接收到的信号经过大功率衰减器后，分别输入双通道示波器中进行实时对比。

为了保证测试结果的准确性，金属屏蔽箱的开口处需用金属锡箔进行屏蔽处理，窗口上还制作了与能选防护罩契合的金属板，防止强场透过吸波材料进入吸波腔，如图 5-13（b）所示。另外，接收天线与对照天线的型号、规格应尽量保持一致，试验中用到的线缆均应为低损耗、高屏蔽线缆。

测试分以下两步进行。

第一步，发射信号与接收信号功率校准，入射波场强标定。

首先，通过信号源和频谱仪配对的方式对整套测试系统的线缆、接头的传输衰减进行测试标定，得到整套测试系统的传输损耗参数。然后，在保证电磁波均匀入射的条件下放置好接收天线和对照天线，分别对入射场监测通道和透射场监测通道的信号功率进行校准。具体而言，可利用天线系数、接收信号幅度和空间场强三者的换算关系来计算各接收天线口面上的场强，该关系如下：

$$AF = \frac{E}{U} \tag{5-1}$$

式中，AF 为天线系数，单位为 1/m；E 为被测电磁波的场强，单位为 V/m；U 为天线输出端的测试电压，单位为 V。

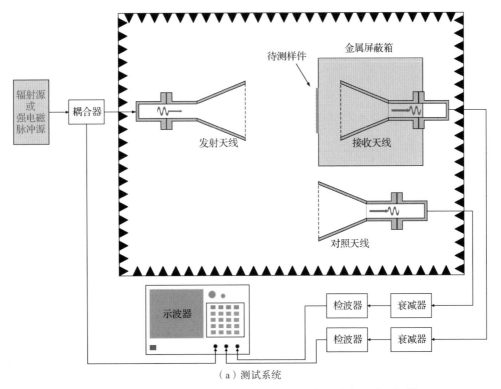

（a）测试系统

图 5-13 能选防护罩对强场的响应特性测试的系统及场景

（b）测试场景

图 5-13　能选防护罩对强场的响应特性测试的系统及场景（续）

将式（5-1）用对数形式进行表示，有

$$E=AF+U \tag{5-2}$$

此外，实际计算过程中，式（5-2）需要进一步考虑到线缆的传输损耗。假设线缆损耗为 L（单位为 dB），示波器读数为 U_s，则式（5-2）可以进一步表示为

$$E=AF+U_s+L \tag{5-3}$$

对计算得到的入射波场强数据进行记录，并以示波器接收信号幅度为自变量，对应入射波场强为因变量，形成参阅表。假设测试所需的入射波场强范围为 800～5000 V/m，一般情况下参阅表可以在场强变化区间范围内以 100 V/m 为步进形成详细对应数据。

接下来，在不加装待测样件的条件下，对入射波场强进行校准。根据系统拟测试的最大发射功率，分别在低、中、高 3 个典型发射功率段选取几个发射功率进行测试，记录每次接收到的信号，然后根据前面得到的信号幅度与场强的换算关系，分别计算入射波场强并记录，形成参阅表。

同时，还可利用弗里斯（Friis）传输公式对校准的场强进行对比验证。假设系统的发射功率为 P_t、发射天线的增益为 G_t、接收天线的增益为 G_r、接收天线的有效面积为 S_e、接收天线与发射天线的距离为 R，则可按照式（5-4）～式（5-7）从理论上计算接收天线的接收功率 P_r。可以将这一理论计算结果与实际测试得到的校准标定结果进行对比验证，以确保测试系统的准确性。

$$P = \frac{P_t}{4\pi R^2} G_t \tag{5-4}$$

$$P_r = PS_e \tag{5-5}$$

$$S_e = \frac{\lambda^2}{4\pi} G_r \tag{5-6}$$

$$P_r = \frac{P_t G_t}{4\pi R^2} \frac{\lambda^2}{4\pi} G_r \tag{5-7}$$

第二步，防护场强测试。

将能选防护罩待测样件加装于金属屏蔽箱正前方的金属板上，分别在设定好的 3 个工作频点处，以连续波和矩形脉冲（脉冲重频为 1 kHz，占空比小于 10%）两种方式对待测样件进行辐照测试，分别记录接收天线和对照天线接收到的信号强度。测试过程中，强电磁脉冲源的输出功率由低到高逐渐增加，通过示波器实时观察并记录接收信号的幅度，当接收天线的信号出现明显变化（突然降低或突然增加）时，记录此时对照天线接收到的信号强度，以此来确定能选防护罩的自适应启动阈值与最大耐受场强等指标。这里需要注意的是，发射功率增加的步进应该与第一步标定过程的步进保持一致，以便利用标定的结果对测试结果进行修正，从而消除系统误差。

2. 强场条件下的定位性能对比测试

以北斗导航定位接收机作为典型效应物，测试加装和未加装能选防护罩两种状态下的定位情况，测试系统设置如图 5-14 所示。测试在封闭的微波暗室中进行，将加装和未加装能选防护罩的两个接收天线平行放置，分别与两个导航定位接收组件相连。采用强电磁脉冲源产生强电磁攻击信号，采用导航信号转发设备产生定位信号，两种信号同时向接收天线发射。

测试过程中，导航定位信号始终保持正常发射。同时，利用强电磁脉冲源分别在 3 个导航信号工作频点处，由低到高地产生强电磁信号，作为带内强电磁攻击对效应物进行辐照。观察、对比两个导航定位接收组件的定位情况，在任何一路出现无法定位时即停止测试。通过此对比测试即可观察能选防护罩是否可以于强电磁攻击下自适应地开启防护，是否可以提高北斗导航定位接收机对强电磁攻击的耐受能力等。

本小节以北斗导航定位接收机的强电磁防护问题为例，从设计、仿真、评估等环节阐述了能量选择自适应防护技术在实际工程应用中需关注的一些问题，这是能量选择自适应防护技术从理论到应用的必然过程。实际上，除了能选防护罩这样的典型应用方式之外，能量选择自适应防护技术还有其他拓展应用方式，如能选波导防护器件。

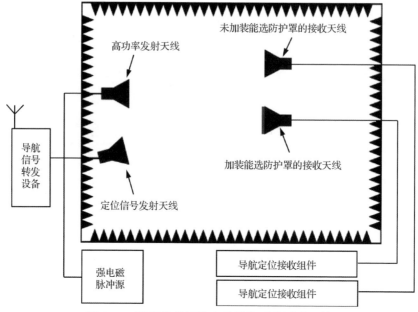

图 5-14 强场条件下的定位性能对比测试系统

5.2 能量选择自适应波导防护器件

波导传输线是雷达等大功率设备中用于微波信号传输的通用传输方式，具有单模传输、衰减小、功率容量大、机械强度大且结构简单等特点，应用十分广泛。能选波导防护器件能够在不改变设备现有的信号传输方式及结构的前提下，为波导传输线提供强电磁防护能力，保护后端的敏感电子元器件免受强电磁攻击毁伤。

能选波导防护器件实际上是一个具备强电磁防护功能的波导插件，能够在不影响低能量强度电磁波传播的同时，有效地阻断强电磁波在波导中的传播过程，从而实现对后端电子信息设备的强电磁防护，这是能量选择自适应防护技术的另一典型应用。

5.2.1 能选波导防护器件的设计思想

能选波导防护器件主要基于高阻抗表面对于表面波的衰减抑制作用，借助半导体开关器件的非线性特性，使波导在不同入射功率情况下实现对电磁波的非线性传输特性，从而防止波导传输线后端的敏感电子元器件被大功率的电磁能量毁伤，其基本设计思想如图 5-15 所示。

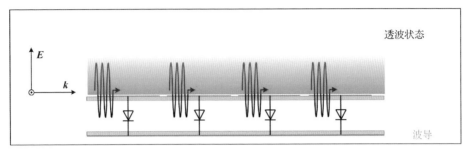

（a）透波状态

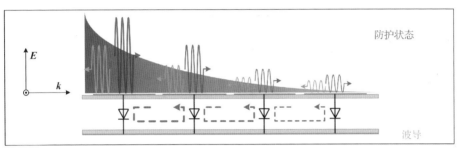

（b）防护状态

图 5-15　能选波导防护器件的基本设计思想

下面以图 5-16 所示的简单"工"字形结构为例，阐述能选波导防护器件的基本工作原理。该结构由两个亚波长金属贴片和一根金属线组成，金属线将上下两个亚波长金属贴片连接起来，金属线中间使用 PIN 二极管连接，实现对电磁波能量的非线性响应。在波导中，这两个金属贴片分别与波导的顶部和底部的金属内壁形成电容，而金属线相当于连接两个电容器的电感器。当电磁波入射时，金属贴片和波导内壁之间激发强电场，同时在金属线周围激发强磁场。不同入射功率激发的电场和磁场的强度不同，这就会导致 PIN 二极管两端的感应电压不同。如果由入射电磁波激发的感应电压不足以导通 PIN 二极管，由于理想的二极管在截止状态时的阻抗为无限大，故此时可等效为开路，两个金属贴片平行放置在波导中间而没有连接，不能形成完整的谐振电路，允许电磁波正常传输。从这里可以看出，能选波导防护器件不具有频率选择的能力，在波导允许传输的频率范围内，所有的频率信号都能够以较低的损耗传输。插入损耗主要由 PIN 二极管中的漏电流和 PCB 中的介电损耗引起。为了减少损耗，一般需要采用具有高隔离度的二极管和低损耗介质基板。相较而言，高功率的电磁波可以激发足够的电压来使 PIN 二极管感应导通。在导通状态下，连接两个金属贴片和金属线的理想 PIN 二极管导通，电阻近似为 0，整体的等效电路为两个金属贴片与波导壁之间的等效电容 C_1、C_2 与导线的等效电感 L 串联。然后，它们再与两金属贴片之间的等效电容 C_3、C_4 并联，如图 5-17 所示。因此，能选波导防护器件可以在设定的频率下谐振并反射能量，从而保护后端的电路和设备。此时，能选波导防护器件的防护效果取决于 PIN 二极管的导通电阻。为了确保二极管保持稳定的导通状态，并且具有低前向电阻，能选波导器件采用二极管对的形式，即将两个 PIN 二极管反向连接，如图 5-16 所示。

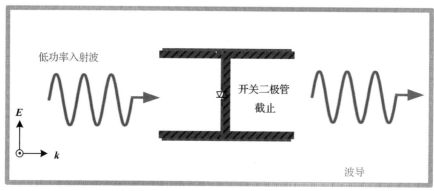

（a）低功率下能选波导防护器件工作示意图

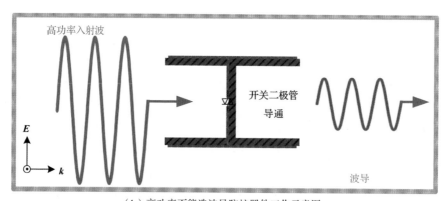

（b）高功率下能选波导防护器件工作示意图

图 5-16 "工"字形能选波导防护器件的电磁传输特性示意图

如图 5-17 所示，当高功率信号激发的电压足以使 PIN 二极管导通时，整个单元结构相当于电容器和电感器的串联谐振电路。通常情况下，电容器主要存储电场能量，电感器主要存储磁场能量。图 5-18（a）和图 5-18（b）分别展示了电场分布和磁场分布的仿真结果，两个金属贴片中间的磁场能量是集中的，而强电场能量不仅存在于两个金属贴片之间，还存在于金属贴片与波导壁之间。因此，上层金属贴片和波导的顶部金属等效为平行板电容器 C_1，同理，下层金属贴片和波导的底部金属等效为 C_2。同时，两个金属贴片中间的两个耦合电容分别等效为 C_3 和 C_4。根据平行板电容器的规律，电容值取决于平行板电极的尺寸和距离。嵌在中间的金属线等效为电感器 L，电感器通过二极管连接，最终形成一个串联谐振电路。

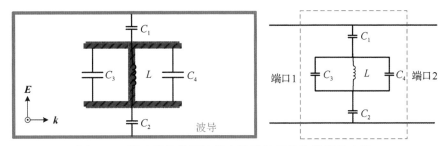

图 5-17　高功率条件下波导中防护单元结构的等效电路

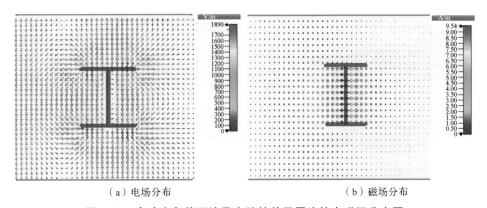

（a）电场分布　　　　　　　　　　　　　（b）磁场分布

图 5-18　高功率条件下波导中防护单元周边的电磁场分布图

5.2.2　能选波导防护器件的结构设计

以本书第 5.2.1 小节介绍的简单"工"字形结构为基础，本小节介绍一个具有实用性的能选波导防护器件设计案例[2]。该波导防护器件的单元结构由 3 部分组成，包括中间电路（标记为 sub #2）、顶部金属贴片（标记为 sub #1）和底部金属贴片（标记为 sub #3），如图 5-19 所示。3 层结构全部采用 PCB 工艺制成，铜片分别印制在 FR-4 型介质基板上，厚度为 0.8 mm。顶部金属贴片和底部金属贴片的尺寸完全相同，两者被空气隔开，并通过另一个 PCB 和金属线连接。二极管加装在中间缝隙中，与中间电路（sub #2）结构上的金属线一起位于 PCB 两侧，并通过 PCB 上的通孔进行有效连接。这种连接方式有助于连接多个二极管，可以提供更大的功率容量和更小的导通电阻。同时，作为外部集总元件加装于 sub #2 的金属线间隙两侧的 4 个 PIN 二极管，可以在不同条件下实现非线性特性，并可使中间电路在高功率信号的正半周和负半周期中有效地短路。

为了进一步研究所设计的能选波导防护器件的通带特性，可假定顶部和底部金属贴片中间的金属线电阻值为 0。因此，当输入高功率信号时，PIN 二极管导通，整个结构在波导中等效为图 5-17 所示的谐振电路，谐振频率为

$$\omega_0 = \frac{1}{\sqrt{LC}} \tag{5-8}$$

式中，C 是 C_1、C_2、C_3、C_4 共同作用的效果，可按式（5-9）进行估计：

$$C = C_3 + C_4 + \frac{C_1 C_2}{C_1 + C_2} \tag{5-9}$$

一般而言，电容 C 的值由金属贴片的尺寸、金属贴片与波导壁之间的距离共同决定。此外，电感 L 与中间金属线的宽度和长度有关。因此，通过调整这些参数就可以调整该结构的等效电感和等效电容，从而改变谐振频率。

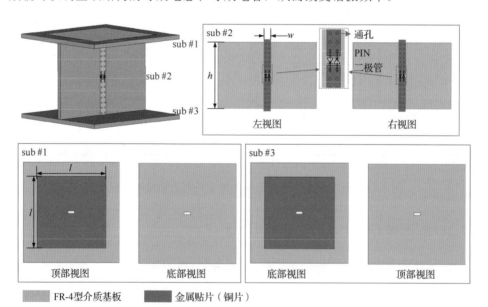

图 5-19　能选波导防护器件单元结构示意图

将所设计的结构放置在标准矩形波导 WR430（宽度为 109.22 mm、高度为 54.61 mm，通带带宽为 1.72～2.61 GHz）中进行全波仿真，波导壁被设置成理想

导体。分别改变长度 l 和间距 h，获得如图 5-20 所示的谐振频率的变化，并将仿真结果拟合成一阶函数曲线。可以看出，谐振频率与金属贴片的尺寸 l 呈现出明显的反比关系。类似地，由于电容 C_1 和 C_2 随着金属贴片尺寸的增大而增加，故谐振频率也会随着金属贴片间距 h 的增大而降低。

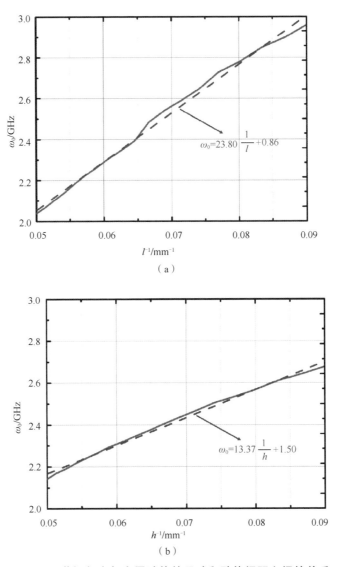

图 5-20　谐振频率与金属贴片的尺寸和贴片间距之间的关系

从前面的分析可知，一个单元结构只能形成一个零点，其功能与一个窄带滤波器相似。在加装非线性器件（如开关二极管）之后，单元结构仅仅能防止窄带的高功率电磁波。为了进一步拓展该结构的防护带宽，可考虑通过串联或者并联多个不同尺寸的单元来获得多个谐振点，以拓展工作带宽。图 5-21 展示了在矩形波导中串联多个防护单元的模型示意图。

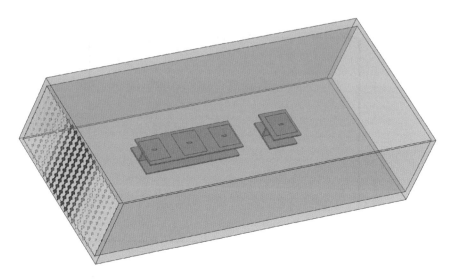

图 5-21 在矩形波导中串联多个防护单元的模型示意图

对于多单元结构，相邻单元之间的金属贴片之间存在耦合电容。当单元结构的周期大于波导的一个波长，即相邻单元的间距 d 大于波导的波长 λ_g 时，耦合电容小到可以忽略不计；当相邻单元之间的距离 d 很小时，则要在设计过程中考虑耦合的影响，下面分别对这两种情况予以介绍。

1. 相邻单元之间的弱耦合

当相邻单元相距较远时，它们之间存在的耦合效应较弱，故此时只需要考虑每个单元的谐振特性即可。并且，多个单元的谐振零点可以自由组合，形成宽带滤波器或多频段滤波器。将图 5-17 所示的电路简化之后进行串联，可以获得 n 单元阵列的等效电路，如图 5-22 所示。由于不同单元之间的间距较大，所以这里没有考虑各单元之间的耦合效应。通过前面介绍的单元分析方法，可以获得每个单元的等效电容和等效电感。

以一个具有双阻带的能选波导防护器件设计为例，首先需要独立设计两个防护单元，并按照上述思路确定单元尺寸。根据设计指标要求，最终得到其中一个单元的尺寸是 l_1=22 mm、h_1=8 mm，另一个单元的尺寸是 l_2=20 mm、h_2=0.8 mm。当这两个单元分别单独存在于波导中时，各自的谐振频率分别是 2.13 GHz 和 2.45 GHz。其中，单元 1 的等效电容为 C_1=2.5 pF，等效电感为 L_1=2 nH；单元 2 的等效电容

为 C_2=2.1 pF，等效电感为 L_2=2 nH。

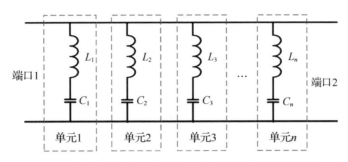

图 5-22　不考虑级间耦合情况下的多防护结构串联模型等效电路

接下来，将这两个不同尺寸的防护单元进行串联，并放置在矩形波导中，使用 CST 进行全波仿真，使用 ADS 进行电路仿真，观察对比传输特性的变化情况。全波仿真结果表明，在弱耦合情况下，两个不同尺寸的单元结构级联可以获得两个阻带，但这两个阻带的谐振频率较单个结构有所偏移，如图 5-23（a）所示。电路仿真结果表明，通过等效电路仿真获得的零点（谐振频率）与全波仿真结果基本一致，如图 5-23（b）所示。但是，电路仿真曲线的两个零点之间的通带曲线不同于全波仿真的通带曲线，特别是在 2.35 GHz。这是因为在等效电路中没有考虑两个单元之间的耦合效应。此外，在等效电路中使用的集总元件具有较高的品质因数。

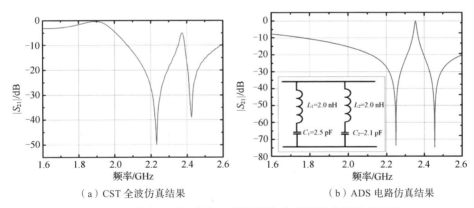

（a）CST 全波仿真结果　　　　　　（b）ADS 电路仿真结果

图 5-23　具有相近阻带的双单元结构电磁传输特性仿真结果

这个简单的等效电路足以体现两个零点之间的阻带特性。基于上述结构，将第一个单元尺寸 l_1 变为 30 mm，其他尺寸保持不变。根据本书第 5.2.1 小节对单元结构和频率响应之间关系的分析可知，金属贴片尺寸的变化主要影响等效电容。改变第一个单元尺寸只会改变等效电路的第一级电容。同时，第一级的谐振零点为 1.73 GHz。通过全波仿真和电路仿真，可以得到传输特性曲线如图 5-24 所示。与之前的仿真结果相比，可以明显地看到，在本次电路仿真中，2.1 GHz 处（位于两个零点之间的通带上）有一极点，这表明电路仿真中的集总元件具有高品质因数。这也是电路仿真和全波仿真在通带中表现不同的原因之一。

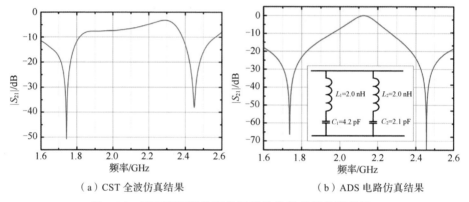

（a）CST 全波仿真结果　　　　　　　（b）ADS 电路仿真结果

图 5-24　具有双阻带的双单元结构传输特性仿真结果

2. 相邻单元之间的强耦合

根据上面的仿真结果可以知道，弱耦合元件可以形成多阻带滤波器，但是不能抵抗宽频段的高功率电磁波。当两个单元彼此靠近时，相邻单元的金属贴片之间存在一个耦合电容和两个耦合电感，如图 5-25 所示。设两个单元之间的距离为波导波长的 1/10，并获得带宽为 0.5 GHz 的带阻滤波器，分别使用 CST 和 ADS 进行仿真，仿真结果表明两个零点之间的频段变为阻带，如图 5-26 所示。

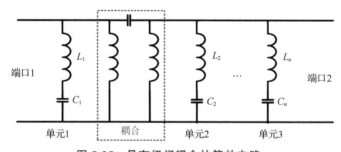

图 5-25　具有级间耦合的等效电路

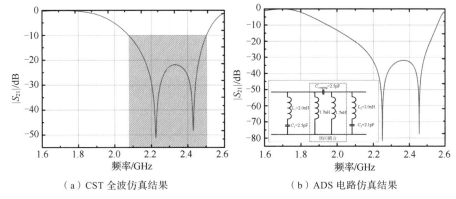

（a）CST 全波仿真结果　　　　　　（b）ADS 电路仿真结果

图 5-26　具有宽阻带的双单元结构电磁传输特性仿真结果

为了使带内衰减更大，可以在带内添加零点，也就是说在强耦合的基础上再添加一个单元。在单元尺寸为 l_1=22 mm、l_2=22 mm、l_3=20 mm 的情况下，通过全波仿真获得的反射系数和传输系数仿真结果如图 5-27（a）所示。与图 5-26（a）相比，图 5-27（a）中 3 个结构的阻带衰减更大，可以提供更好的保护效果。此外，在阻带内，反射系数接近 0 dB，这表示高功率信号几乎被全反射。之后，对不同频率下波导中的电场分别进行仿真的结果进一步说明，不同频率的电磁波只在图 5-27（b）中相应尺寸的单元上发生谐振和反射。从图 5-27（b）所示的电场分布（图中红色最强，蓝色最弱）可以看出，入射波在波导端口及附近形成驻波，所以能量被反射，不能通过能选波导防护器件，从而可以为后端的电路或电子元器件提供电磁保护。

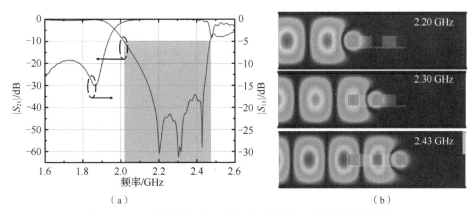

（a）　　　　　　　　　　　　　　　　（b）

图 5-27　三单元结构的电磁传输特性和电场分布仿真结果

为了进一步分析单元的数量和排布方式对实际工作性能的影响，我们分别仿真了能选波导防护器件在高功率信号和低功率信号状态下的防护效果和插入损耗，下面结合仿真结果进行具体介绍。

首先，观察 1 个单元和 3 个单元的传输特性的异同。如图 5-28（a）所示，在 PIN 二极管导通的状态下，3 个单元的阻带带宽比 1 个单元的阻带带宽更大，且三单元结构的最大阻带损耗可达 30 dB。而在 PIN 二极管截止的状态下，这两种结构的插入损耗曲线基本上保持一致，如图 5-28（b）所示。

为了进一步增加高功率条件下的防护效能和防护结构的耐受功率，按照图 5-21 所示的结构制作 3 个三单元结构并上下平行放置，形成 3×3 的防护阵列。仿真结果表明，在高功率信号下，由 9 个单元组成的防护阵列具有比三单元结构更高的防护效能和更宽的防护带宽，如图 5-28（a）所示；与此同时，这种防护阵列对于低能量强度信号的插入损耗将会不可避免地增加，如图 5-28（b）所示。但是，与防护性能的提升相比，插入损耗的增加是可接受的，即阵列形式可以有效地提升所设计结构的防护性能。

不难想到，当 3 个三单元结构分 3 层上下平行放置时，随着相邻层之间距离的不同，产生的电磁耦合效应也会不同。因此，在设计过程中还可以通过改变相邻两层的距离 d，来改变整个防护阵列的传输系数和频率响应。实际工程中，由于波导尺寸的限制，d 一般只能在一定范围内微调。层间距对于所设计的防护结构电磁传输特性的影响的 CST 仿真结果如图 5-28（c）所示。可以看到，随着 d 的增加，该结构的电磁传输特性没有显著变化。尽管当 3 层彼此靠近时，相邻层之间的耦合电容增加，但顶层和底层上的贴片和波导壁之间的另一电容耦合减小，这就导致整个结构的电磁传输特性没有发生显著的改变。

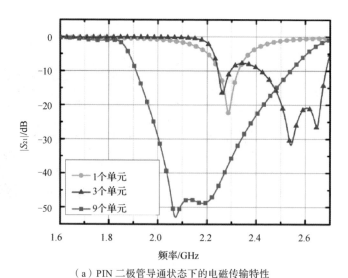

（a）PIN 二极管导通状态下的电磁传输特性

图 5-28　单元数量和防护阵列对能选波导防护器件性能的影响

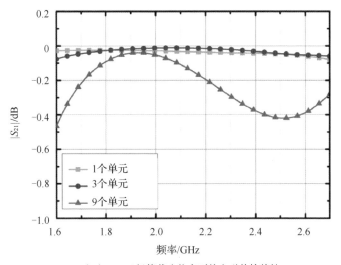

（b）PIN 二极管截止状态下的电磁传输特性

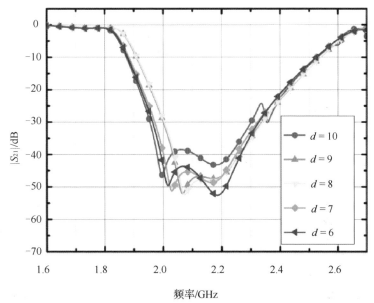

（c）PIN 二极管截止状态下，层间距对电磁传输特性的影响的 CST 仿真结果

图 5-28　单元数量和防护阵列对能选波导防护器件性能的影响（续）

5.2.3　能选波导防护器件的性能测试

为了验证本书第 5.2.2 小节介绍的能选波导防护器件的实际工作性能，我们设计了如图 5-29 所示的测试系统。其中，矢量网络分析仪产生的信号首先由功率

放大器进行放大，然后通过隔离器进入波导，这样可以有效地防止被能选波导防护器件反射回来的电磁能量损坏前端的功率放大器。在波导的输出端口，输出信号通过衰减器之后再进入矢量网络分析仪。因此，该测试系统只能测试能选波导防护器件在波导内的传输系数，无法测试反射系数。按照第 5.2.2 小节设计的结构，并利用 PCB 工艺制作的能选波导防护器件的待测样件如图 5-30 所示。待测样件为 3 层结构，每层均包含 3 个基本防护单元，单元尺寸为 l_1=18 mm、l_2=20 mm、l_3=18 mm，上下金属贴片的间距为 h=8 mm。3 层中共 9 个单元，按照 3×3 的方式排布。方便起见，待测样件的每层结构之间由相同厚度（8 mm）的尼龙垫片进行连接。

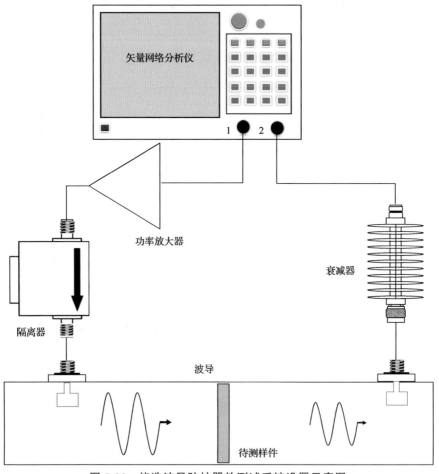

图 5-29　能选波导防护器件测试系统设置示意图

将待测样件按照图 5-30 所示的方式加装于测试系统的波导内部，测得不同输入功率下能选波导防护器件的电磁传输特性曲线如图 5-31 所示。可以发现，当波导的输入功率低于 30 dBm 时，感应电压不足以使 PIN 二极管导通，故能选波导防护器件不能发生谐振。这种情况下，在我们关注的频段上，信号以低损耗通过，传输系数曲线几乎不随着输入功率的增加而变化。此后，随着功率放大器输出功率的持续增加，波导中的场强和 PIN 二极管两端的感应电压将逐渐增加，使 PIN 二极管逐渐导通。直到输入功率达到 55 dBm 时，所有 PIN 二极管完全导通。此时，整个能选波导防护器件具有宽带防护特性，在整个波导频率范围（1.72～2.61 GHz）内对强电磁波的衰减均大于 12.5 dB，特别是在 2.3 GHz 时，防护效能达到了 32.5 dB。这里需要注意的是，实际测试结果与图 5-28（a）中 3 个谐振点的仿真结果有一点差别。这是因为，仿真中使用的是 PIN 二极管的静态等效参数，而实际上 PIN 二极管的等效集总元件值会随着外部电压和频率的变化而产生一定的波动。此外，该结构是手工焊接和组装的，待测样件的实际尺寸无法与仿真中设置的尺寸严格一致，这也会影响该结构的分布电容和电感参数。电容的微小变化会改变单个单元的谐振频率，从而影响整个结构的频率响应。但这一测试结果基本上验证了本书第 5.2.2 小节介绍的能选波导防护器件具备自适应防护的特性。

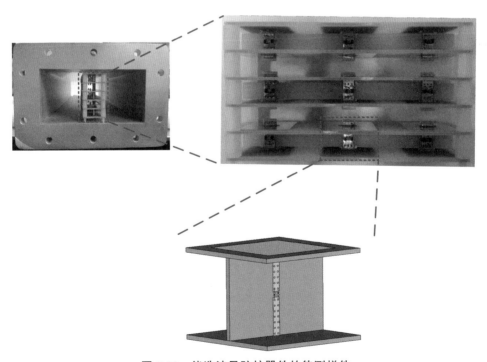

图 5-30　能选波导防护器件的待测样件

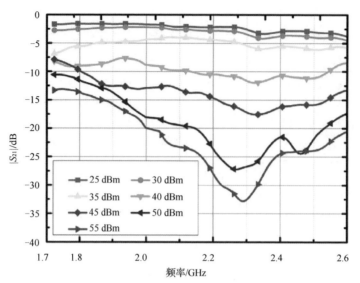

图 5-31　不同输入功率下能选波导防护器件的电磁传输特性曲线

参考文献

[1] 王珂. 能量选择结构设计与导航防护应用研究[D]. 长沙：国防科技大学，2017.

[2] 毋召锋. 高速大功率限幅技术研究[D]. 长沙：国防科技大学，2019.

第6章　电磁防护技术挑战与展望

不难想象，电磁防护的终极目的是全面、彻底地解决电磁能量效应问题，从而保证电子信息设备不被强电磁攻击损伤或损毁。而从另一个角度来讲，我们应当看到，强电磁攻击具有隐蔽、突发、范围大等典型特征，其对集成化电子信息设备的攻击效果往往呈现出"由点及面"的态势，任何一个电磁薄弱环节都可能成为强电磁攻击的突破对象。这意味着针对电子信息设备的电磁防护往往存在"短板效应"，任何一个潜在的电磁漏洞都可能成为防护失败的关键因素，这就给电磁防护工作带来了前所未有的挑战。因此，针对电子信息设备的电磁防护必然是一项系统性工程，统筹多种防护手段、建立系统级综合防护体系是该领域在今后一段时间内发展的总体趋势。可以预见，未来的电磁防护技术必然会呈现从单一技术或手段向多种技术手段综合的"电磁综合防护"方向发展。电磁综合防护问题可以从不同角度看待和理解，目前较为常见的有以下6种说法。

（1）前后门一体防护：主要是指针对电磁攻击进入电子信息设备的耦合途径开展的系列防护方法或手段，有时也称为前后门综合防护。

（2）场（空间）路（电路）一体防护：主要是指针对电磁攻击在空间或电路中的具体表现形式开展的系列防护方法或手段，有时也称为场路集成防护。

（3）多域联合防护：主要是指针对电磁攻击的特征维度（如时域、空域、频域、能域等）开展的系列防护方法或手段，有时也称为多域综合防护。

（4）光电一体防护：主要是指针对电磁攻击的物理载体或对象（如电磁信号通道、光信号通道等）开展的系列防护方法或手段。

（5）多效综合防护：主要是指针对电磁攻击的不同作用效果（如信息干扰、能量毁伤等多种效应）开展的系列防护方法或手段，有时也称为多效一体防护。

（6）多源综合防护：主要是指针对电磁攻击的产生源（如核电磁脉冲、高功率微波等）开展的系列防护方法或手段。

因分析或理解角度的差异，上述几种电磁综合防护的定义虽然不同，但本质是相通的，终极目的都是防护任何来源、任何形式的电磁攻击。值得一提的是，虽然不同的分类角度会导致不同定义之间存在相互交叉、包含的情况，也可能会引起理解的困惑与歧义。但是不可否认，上述分类定义的重大意义在于：不同的分类角度可能更符合不同场合的电磁防护需求；有利于理解电磁防护的本质与内涵，理解不同防护思路与技术途径的异同、联系和本质；有利于对电磁综合防护的全面理解和把控。

文献检索表明，前后门一体防护、场路一体防护、多域联合防护、光电一体防护这 4 种说法或与之相近的说法在当前学术界或工程界中相对常见，而多效综合防护和多源综合防护的说法还很少见，是新需求所致的创新性说法。因此，多效综合防护和多源综合防护在一定程度上扩充了人们对电磁综合防护需求的理解，有助于拓展防护的思路与策略。

本章对上述几种电磁综合防护技术涉及的内涵、技术手段和潜在挑战予以进一步阐述。

6.1 前后门一体防护

前后门一体防护主要是根据强电磁攻击进入电子信息设备的不同耦合途径来统筹各类防护技术和方法。根据电磁波的传播耦合特征，强电磁攻击进入电子信息设备的潜在耦合通道可分为前门耦合通道和后门耦合通道两类。其中，前门耦合通道主要泛指电子信息设备与外界交互的所有信号通道，包括射频信号通道、光电窗口、传感器等。通常，对于某一特定的设备，其信号通道是相对明确的，故前门防护的对象比较明确。但是，由于前门耦合通道要兼顾电子信息设备的工作信号收发，如何在隔绝强电磁攻击的同时尽量消除对工作信号的影响是前门防护的核心难点。目前，典型的前门防护手段包括能选防护罩、限幅器等。后门耦合通道则与前门耦合通道的定义互补，泛指电子信息设备所有可产生电磁耦合的非信号通道，包括非金属的机壳、机壳上的孔缝、外接线缆、玻璃视窗、可视化屏幕等。从单纯的技术手段来说，后门防护要相对简单，由于其不用兼顾额外的工作信号，故直接采用吸波材料或金属材料隔绝一切电磁信号即可，典型手段包括屏蔽、吸波、滤波、接地等。但是，考虑到后门耦合通道分布广泛、潜在漏洞多，如何准确定位所有的潜在后门耦合通道是实际工程应用的难点。特别是对于大型的电子信息系统或平台，想要全方位地梳理出潜在的后门耦合通道是一项十分繁杂的工程问题，往往需要经过大量的仿真和测试。

图 6-1 展示了一种典型的前后门一体防护实施方案。从技术体系上来说，前后门一体的电磁防护是一种完备的电磁防护解决方案，理论上可在隔绝外部强电

磁攻击的同时不影响电子信息设备的正常工作。但是，从具体的工程实现角度而言，该技术方案仍面临着诸多实际问题，例如：如何结合防护对象的具体形态开展防护总体设计；如何根据防护对象的组成和架构确定实际的防护部位；如何有效地搭配多种防护手段，实现防护效能最大化；如何对防护手段与防护对象进行集成或一体化设计，以尽量降低对原本设备形态的影响等。

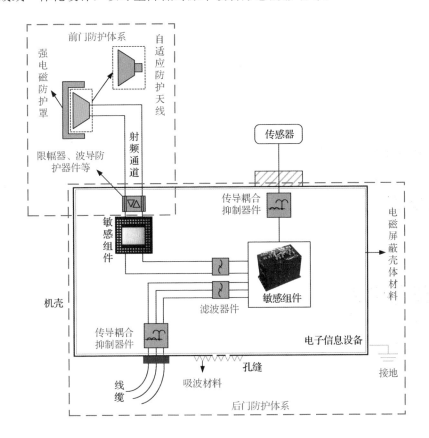

图 6-1　一种典型的前后门一体防护实施方案

6.2　场路一体防护

场路一体防护主要是根据强电磁攻击在不同环境下的不同表现形态来统筹各类防护技术和方法。其中，场防护技术主要针对空间波形式的强电磁攻击进行防护，一般发生在电磁攻击进入电子信息设备之前。典型的场防护技术包括空间自适应滤波、频率选择滤波、能量选择滤波、屏蔽、吸波等。路防护技术主要针对导行波形式的强电磁攻击进行防护，一般发生在电磁攻击进入电子信息设备之后。典型的路防护技术包括限幅器、脉冲抑制器、频域滤波器等。从单纯的技术体系角度来说，场路一体的电磁防护也是一种完备的电磁防护解决方案，理论上可实现对任意强电磁攻击的有效抑制。但是，在实际的工程实现中，场路一体防护仍然存在诸多难点，例如：如何根据防护对象的结构形态梳理出所有潜在的辐射耦合和传导耦合途径，如何对不同耦合方式下的防护手段进行综合设计与指标分配，如何实现场防护与路防护的有机结合与优势互补，如何降低场防护和路防护手段对防护对象设备形态和原有工作性能的影响等。

以某一电子信息设备的射频信号收发通道为例，一种典型的场路一体防护实施方案如图 6-2 所示。其中，"能选+频选"电磁防护罩、自适应空间滤波等属于空间场层面的防护手段，由于这类防护装置需要直面强电磁攻击，故防护装置本身对于强电磁攻击的耐受阈值是防护设计需要关注的重点。滤波防护器件、限幅防护器件等属于电路层面的防护手段，这类防护装置一般集成于设备的射频通道中，故防护装置的小型化、信号稳定性、高防护效能等是设计关注的重点。另外，在整体的防护方案中，不同的防护手段如何相互配合、谁先谁后、防护指标如何分配等都是需要在实际工程中反复迭代优化的。而这些仅是针对单个射频通道防护需考虑的问题，可以想象，若进一步上升到设备层级或者更大的系统层级和平台层级，其防护设计必然更复杂。

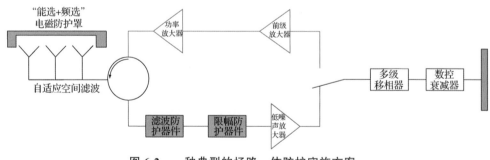

图 6-2　一种典型的场路一体防护实施方案

6.3　多域联合防护

2020 年 6 月，美国参谋长联席会议（简称参联会）发布了新版《美国国防部军事及相关术语词典》。其中，"电子战"一词被"电磁战"取代。电磁战的定义为：使用电磁能和定向能控制电磁频谱或攻击敌人的军事行动。电磁战概念的提出，打开了未来各国博弈的新领域，意味着电磁领域的对抗将全面升级；传统电磁信息维度的"软对抗"与新兴电磁能量维度的"硬对抗"，两者之间的界限正逐渐模糊；电磁攻击的目的也不再局限于干扰、欺骗敌电子信息装备，还可以通过直接的能量攻击"烧"坏敌装备、设施，甚至伤害操作人员。

电磁战概念的提出，模糊了电磁信息干扰与电磁能量攻击的界限。可以预见，未来电磁领域的对抗，必将是从信息域到能域的全方位综合较量。根据本书第 1.2.1 小节的内容，电磁攻击对电子信息设备的作用可根据能量强度依次分为干扰、降级、损伤、损毁 4 个层级。然而，实际工程应用中，电磁效应的层级划分需要依据设备实际的工作状态而定，相互之间并没有统一的界定标准。这意味着电磁信息干扰与电磁能量攻击两者之间从本质上就没有明确的界限。对于大功率电子干扰设备（如俄罗斯的 Krasukha 系列电子战系统）而言，抵近攻击时，它在某种程度上完全可以视为一种强电磁能量攻击武器。反过来说，强电磁攻击武器，即使能量强度被衰减到电子信息设备承受裕度以内，仍会对设备的接收系统造成信号干扰或者信号压制。这种情况下，发展集信息防护和能量防护为一体的多效应电磁防护技术必将成为电磁防护领域的新趋势。

多域联合防护的核心思想是从电磁波的时域、空域、频域、能域、极化域、编码域等多个维度出发，基于多域交叉的电磁防护方法，避免除工作信号之外的一切电磁信号进入电子信息设备内部。因此，多域联合防护从理论上来讲也是一种完备的电磁防护技术体系。典型地，针对电子信息设备的射频前端，多域联合防护就是要同时兼顾能域的强电磁防护和信息域的电磁干扰抑制，通过"能域+信息域"的双重防护，隔绝所有外部强电磁能量攻击和干扰电磁信号，从而保证电子信息设备能够在复杂的强电磁环境下生存和有效工作。这是电子信息设备电磁防护当前面临的诸多挑战之一。从单纯的技术手段来说，针对单独的电磁干扰或强电磁攻击，目前都有较为成熟的处理方法。然而，如何将不同维度的防护手段进行有效结合，消除相互影响，发挥协同防护效能，是防护设计的核心难点。以"能选+频选"防护罩为例，通过"能域+频域"的双重滤波特性，理论上可防护所有的带内/带外强电磁攻击，同时还能够抑制带外的电磁干扰。但是，该防护罩一般难以有效滤除带内的电磁干扰信号，还需结合一些信号滤波手段，如空间自适应滤波（空域）、抗饱和干扰抑制（空域）、极化匹配滤波（极化域）等。在防护设计过程中，如何降低不同维度防护手段的相互影响以实现指标最优化设计，如何将不同的防护手段与防护对象的结构形态进行一体化集成等，都是实际工程应用中不可回避的挑战。除此之外，对于一些红外电子信息设备的光电窗口，如何在保证窗口透光率的同时实现对强电磁攻击的防护也是一种典型的多域交叉防护问题。针对这类问题的防护设计必须从光学、电磁学的角度出发，首先寻找电磁攻击与光电信号的特征差异性，然后从不同的维度进行区分处理。从上述的分析不难看出，多域联合防护设计的核心就是要找准不同维度的特征差异性，实现功能或指标上的解耦。虽然设计思想比较明确，但多域联合防护设计在实际工程应用中却是一项富有挑战性的工作，必须以丰富的工程经验为支撑。

6.4　光电一体防护

光电一体防护主要是指针对不同防护对象的工作特点统筹各类电磁防护技术和方法，工程上一般特指针对电子信息设备光电信号通道的防护。这类防护的核心就是强电磁防护与电子信息设备正常工作之间的"功能兼容"，这也是光电一体防护设计的难点。因此，光电一体防护的关键在于正确区分电磁攻击信号与电子信息设备的正常工作信号。可以考虑从电磁波的特征维度对电磁攻击信号和电磁工作信号进行区分，典型方法包括能量选择滤波、频域滤波、极化滤波等；而对于电磁攻击信号与光信号，由于它们本身所属能量形态的差异，区分起来反而较容易，技术思想也相对明确（透光屏蔽），典型手段包括透明导电薄膜、导电网栅等。综合来看，对单一种类的工作信号的防护手段相对成熟，但是对于一些需要同时接收光信号和电磁信号的场合而言，如何统筹各种防护手段以保证技术的兼容性，如何合理地进行防护指标分配以实现最佳的防护效果等是实际工程应用的主要挑战，必然需要进行反复的迭代优化。

另外，对于透光屏蔽技术，现有的透明屏蔽材料一般难以兼顾高透光率和宽频段内高防护效能这一对冲突的指标，防护效能随频率起伏较大。其中，导电网栅的防护效能主要由其孔径尺寸决定，孔径相对波长越大，则透波越多，防护效能呈低频高、高频低的特征；而透明导电薄膜的防护效能与其厚度直接紧密相关，厚度相对波长越大，透波越少，防护效能呈低频低、高频高的特征。克服这个问题的关键就是要实现透光率和防护效能的指标解耦设计。图 6-3 为基于"微纳波导阵列"思想的透明屏蔽材料透光率和防护效能指标解耦设计示意图。该设计将导电网栅和掺锡氧化铟（Indium Tin Oxide，ITO）连续膜分别贴合于高透玻璃两侧。其中，导电网栅的设计需要满足高深宽比的约束，以对电磁波形成微观截止波导效应。利用截止波导对电磁波的内衰减效应，可在网格占空比（影响透光率）不变的条件下大幅度提高防护效能，实现透光率与防护效能的解耦设计。

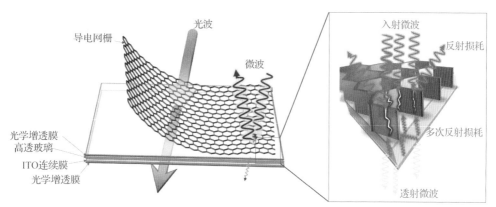

图 6-3　基于"微纳波导阵列"思想的透明屏蔽材料透光率和防护效能指标解耦设计示意图

　　总体来看，电磁防护具有明显的应用驱动性，防护技术的研究必须紧密结合工程实践才能不断地完善进步。从学术研究的角度出发，研究人员应重点关注新型的防护理论和方法，探究新材料、新器件、新工艺潜在的防护应用，为电磁防护领域探索新的方向和路径；而从工程应用的角度出发，必须立足电子信息设备的整体形态和工作特点，研究系统级的电磁防护解决方案，建立器件级、模块级、设备级、系统级的电磁效应数据库和电磁材料特性数据库，为电磁防护技术的快速转化与落地应用奠定基础。